史上最强
超图解

百万读者都说赞

种子变盆栽真简单

畅销白金版

林惠兰◎著

河南科学技术出版社
· 郑州 ·

推荐序 1

欲知山上路　须问过来人

把一片绿色的“丛林”缩小在一个小小的容器中，让都市人在狭小的空间中拥有一个绿色的世界，现在已经不是梦想了。

每当有客人来到我的客厅，看到桌上一盆盆精致美丽的盆栽时，几乎都会发出一声惊叹，大家都不敢相信茂密的“森林”竟然就出现在眼前的小小容器中。龙眼、酪梨、火龙果、柚子、罗汉松、发财树、咖啡树、武竹、七里香……这些种子几乎都可以在我们日常生活中取得，吃完的水果种子，路边树上掉下来的种子，还有溪边的小植物，都是盆栽的好素材；它们可以让你的客厅生机盎然，卧室充满绿意，也能为窗台和餐桌增添情趣。

看到这些玲珑精致的盆景，大家都会希望自己也能拥有。由于植物生长都有一定的期限，所以必须时常更换，有时也想种出自己的创意，那当然就要自己动手。可是种子的选择、器皿的挑选、种植的方法与技巧都是一门大学问，很多人兴致勃勃地种了再种，可是屡遭失败，最后只有摇头叹息，徒呼奈何！

台北麻雀窝的林惠兰老师是种植盆栽的专家。她的一双巧手把平凡化为神奇，把大家平时随手丢弃的果核变成人人爱不释手的小盆景；最难得的是她没有把多年来不断研究出来的培育出绝美盆栽的方法和技巧，当成私有的智慧财产，而愿意公之于众，并且毫不藏私，使有心者皆能学习。

古人说：欲知山上路，须问过来人。凭着专家给予的指导，学习者可以少走许多冤枉路，也可以少尝试许多失败的滋味。惠兰女士这本《百万读者都说赞　种子变盆栽真简单》，应该是每一位有心学习培植盆栽者必备的宝典，因此我非常乐意向喜爱植物的朋友大力推荐。希望拥有此书的朋友都能从中受益，相信在不久的将来，您也能成为盆栽高手，并能享受其中之乐。

慧深 于嘉义 能仁寺养愚斋

推荐序 2

坐拥小森林 享受大自然

偶然的机会下将林惠兰女士的第一本著作《种子变盆栽真简单》携至日本，看过书的日本友人一个个开始在路旁的树丛驻足，把吃完的水果种子当宝，按照书中的方法栽培。结果书中茂密的小"森林"竟也在异国一处处呈现，茁壮成长。种子盆栽果然魅力无法挡。不过时常有人前来求救，例如：不知道这棵树是不是书中的那种……光看种子很难辨别；中文名称与日文名称有所不同，要是附上植物学名更容易确认；何时会出日文版，非常期待；等等。

本次林女士新作《百万读者都说赞　种子变盆栽真简单》一书中，除延续上本书巨细靡遗的种子盆栽制作教学之外，更清楚地介绍在日常生活中随处可见的材料，并加注学名，使读者不再有"众里寻他千百度"之苦。

笔者曾研究室内外的空间绿化，在室内光线、土壤等条件皆不比屋外的情形下，也曾怀疑过种子盆栽是否能正常成长甚至存活，直至看见一盆盆绿意盎然的种子盆栽才豁然开朗。原来生命的潜能是如此巨大，每一颗种子都代表一个完整的生命。经过林女士的巧手巧思，种子被赋予新的灵魂，在居家、办公场所绽放生命的光彩。本书中许多种子盆栽新作，必将再度令读者啧啧称奇，进而跃跃欲试。除书中介绍的植物外，也请尝试用身边各种不同的种子来栽培，失败了没有任何损失，成功了呢，您就得到了这世上独一无二的专属小森林，成就感将是无法言喻的。配合书中林女士独到的经验传授，相信您也能轻松上手，在绿意中感受生命的奥秘。

在此诚心推荐此书给所有植物的爱好者，期待读者能与林女士一样以爱来灌溉这些奇迹般的小森林，美化环境的同时，也能净化自己的心灵，在现今纷扰的社会中，感受一股清凉。

王翰贤

于日本东京农业大学都市绿化技术研究室

推荐序

3

平凡却深入人心的绿色艺术

记得是这样认识麻雀窝主人的。有次经过麻雀窝店门口，我停留了很久。虽然这里大都只是日常生活中最普通的种子，但是呈现在我眼前的却是令人莫名感动的种子盆栽。每个盆栽都是创作，了解种子的特性及成长过程，精心栽培在适合的容器中，才有这耐人寻味的绿色盆栽。

进入麻雀窝时，最令人感动的是主人对于生命的珍惜。记得我的第一盆收藏是柚子种子，刚刚带回家时，心想：小小的盆，小小的种子可以有多长的生命呢？很惊讶的是，用心栽培下竟也已经陪我度过七个年头。

真诚对待生活的麻雀窝主人林惠兰女士，将平凡的种子盆栽艺术写成书与大家分享。这份传承艺术的善心让人感动。林女士凭借敏锐的设计感及对种子的了解，将种子盆栽艺术表现出传统中国文化的含义，又结合平时参禅时的精神修炼，将种子盆栽艺术提高至一个新的境界。

以前工作之余，最开心的就是能够到民生社区的麻雀窝和主人喝茶聊天。现在人在美国心系家乡，希望将《百万读者都说赞　种子变盆栽真简单》一书推荐给和我一样的有心人，共同传承种子盆栽艺术，从简单的绿色种子开始充实心灵。

叶昀芳 于美国旧金山SOM建筑公司

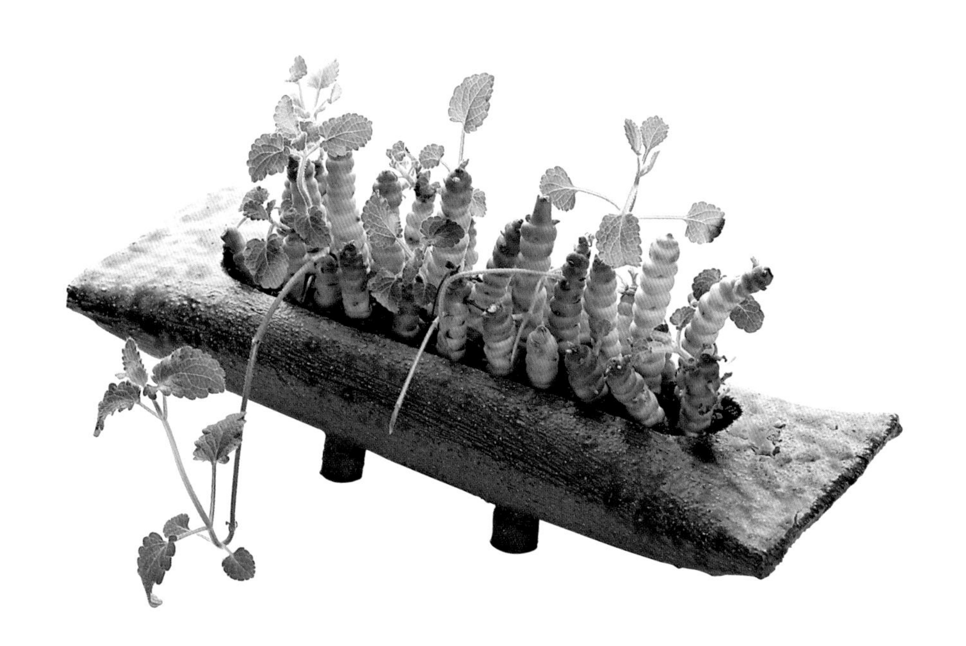

自序

寻回心中的一片绿意

只要有心，即使是一粒毫不起眼的小种子，也能种出一盆盆精致的盆栽、一片片小小的森林。

四十岁以前，我一直在电信局里工作，是个标准的公务员，工作、生活都十分稳定。直到一九八九年，在种种因缘巧合下，开始接触盆栽。如今，小店麻雀窝渐渐成形，我也辞去了电信局的工作，全心投入这小小的希望森林之中。

麻雀窝本来是一间专卖休闲食品的小店，名为小麻雀休闲食品。为了吸引人潮，我开始在家中的一些艺术品上动脑筋，想在店里陈列一些造型独特的民间艺术品来吸引顾客上门。没想到这小小的转念，竟为这间小店创造出惊人的客流量，也是在这个时候，我决定将整间店做一次彻底的转型。

无心插柳，因舍而得

很多客人第一次来店里都会问一个问题，那就是为什么店名要取为“麻雀窝”呢？其实，这个店名的起源要追溯到早些年这间店还是米店的时候了。

当时，我先生开米店，每天店门一开，进来最多的可能不是顾客，而是成群结队的麻雀，但我和先生也从来不曾赶过它们。有时，顾客上门，被惊扰的上百只麻雀会立刻飞走，但当顾客一走，它们又会召集更多的同伴一拥而入。这间店俨然成了它们固定的食物供应站。而我和先生，也完全不以为意，任它们来去。

就在我想将这间店转型时，一位普门寺的菩萨恰巧经过店门口，他在店门口站了许久，然后对我说，这间店不论卖什么东西，都一定会有很好的结果，原因就是这些麻雀会报恩。这些话让当时的我信心倍增，“麻雀窝”这个名字就此定了下来。

一开始，我在店里种的是甘薯。当然，我种的甘薯并不是一般的甘薯，我总是会去挑选一些有特殊造型的甘薯回来，再加以设计加工，让它有与原先截然不同的风貌。

或许是源自父母遗传给我的艺术天赋，再加上我对植物的热爱，原本从来不看园艺类书籍，对植物也几乎完全不懂的我，仅凭着对植物的细心观察和满满的信心及爱心，让每一粒种子在麻雀窝里，拥有了更丰富的生命力。

一花一世界，一叶一如来

养一盆盆栽，从一粒小小的种子开始，体会生命的奥妙，同时也可以让我们的心跨越密集的高楼和围墙，呼吸到自由的空气。

从一个小小的甘薯盆栽，到现在仿佛是一片都市小森林的麻雀窝，十七年来，我一直保持着感恩和快乐的心在经营着这方小天地，也早已经习惯了整日与一颗颗种子、一盆盆植株为伴。看着一颗颗种子萌芽、抽叶，慢慢成长，直至变成茂密的盆栽，我心中自有无限的欢喜。

缘自一份分享的心，两年前，我开始着手整理我多年来关于种子盆栽的细心观察和研究成果。二〇〇三年十月台视文化邀我出了第一本书——《种子盆栽》，读者们热烈的回响至今一直没有停止过。这期间，也陆续有许多出版社纷纷向我探询再次出书的意愿，但或许由于因缘不聚，我迟迟未能决定，直到柠檬树国际书版集团的苹果屋出版社总编辑翠萍找上我时，才再度得遇出书机缘。

二〇〇四年九月，翠萍找上我，希望我出版第二本书——《百万读者都说赞　种子变盆栽真简单》。经过长谈，虽然她对植物可以说是个门外汉，但她的细心和对专业的尊重打动了我，让我决定开始第二本书的写作。

如今，书出版了，我更觉得我的选择是正确的，因为在整个配合过程中，翠萍不但对我的意见抱持绝对尊重的态度，就连摄影廖家威的工作态度也着实令我感动。他不但拍出了每一株植物的鲜活色彩，更拍出了盆栽丰富的生命力。

书中的每一幅图片、每一个步骤，都凝聚着我多年来的经验累积，更记录着每一株植物的成长密码。我衷心感谢每位读者、顾客及一路支持我的家人和朋友，更希望《百万读者都说赞 种子变盆栽真简单》这本书乃至“绿手指”系列能够唤醒更多朋友们潜藏在心里的那一点绿意，教大家学会如何选材等知识，让大家都能够动手种下属于自己的植物。

目　录

Part 1 小盆栽大改造

Part 2 栽种步骤大图解

Part 3 小观念大学问

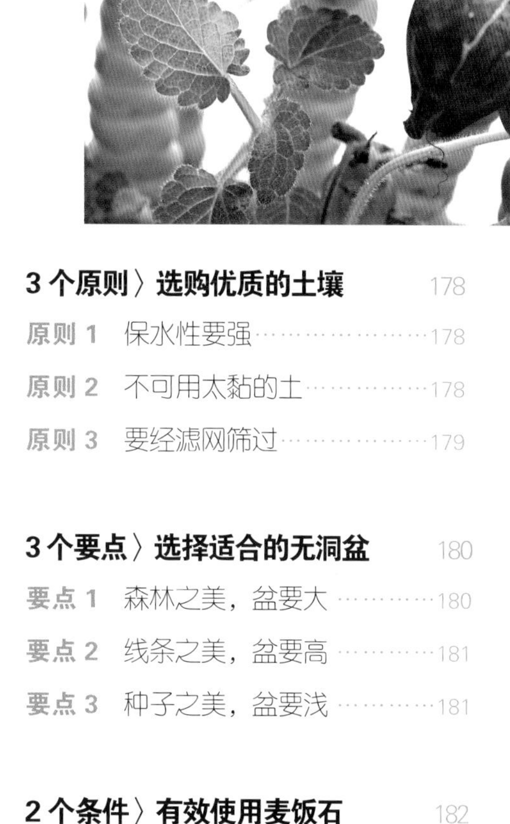

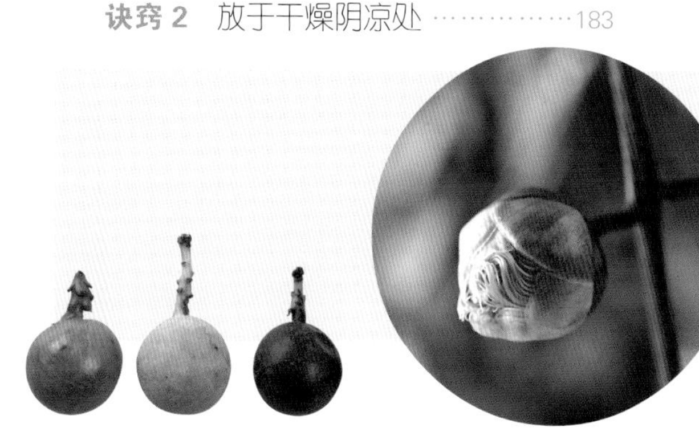

Part 1

小盆栽大改造

与其谈风水、谈命理，不如好好地用心去感受周遭的万事万物，以及每一个可能的生命。一粒种子、一盆充满绿意的盆栽，不但能够改变我们的居住环境，还能够改变我们的心境，让我们在平凡的生活中，拥有更多的满足。

居家 〉用种子盆栽创造居家好运势

很多朋友来到我的麻雀窝都会问我一个问题："为什么你这里的植物都长得这么旺盛，难道是因为风水特别好吗？"是的，只要你开始在家里多种几盆绿色植物，就会发现整个人的精神和家庭气氛有意想不到的改变！至于盆栽摆放的位置，其实没有一定的规矩，我一直认为只要自己看起来舒服，不要影响到日常生活，就是好方位。

当然你也可以在居家财位上放上一盆种子盆栽，然后经常更换新植物，让家里财源更旺盛哦。

客厅・厨房 大盆栽让人神清气爽

小森林让菜肴更美味

小角落

精致小盆栽让空间更舒适

浴室·化妆台

绿盆栽让精神更放松

办公室 〉降低工作压力的好帮手

现在的上班族每天都花很长时间坐在电脑前，不但眼睛很容易出现疲劳的症状，日积月累下，整个身体都会受到伤害。

这时，假使种几盆小巧可爱的种子盆栽，摆放在电脑旁边，不但可以抗辐射，还可以减少工作和人际的双重压力。

绿色植物有一种神奇的魔力，当你在办公桌上放上一盆种子盆栽之后，你会发现整个工作场所的气氛会变得很和谐，许多不必要的纷争会慢慢减少，同事之间感情会更融洽，上班也逐渐变成一件很愉快的事情。

LOVE BOOK
わがまま歩き ③
あなたの恋愛が続かない10の理由

Part 2

栽种步骤大图解

在丢弃水果种子之前，请三思！找个美美的小盆，加点土，把种子埋好，铺上麦饭石，再加点爱心和关心，不久之后，将会有令你惊喜万分的新生命呈现在你的眼前。请相信，每一粒种子都有着神奇的力量，它们能改变一切，包括我们的心。

现吃现种的

蔬菜、水果

市场可以买到的水果

柑橘

芸香科

特　征

· 柑橘是常绿果树，一年到头叶子都是绿油油的，可以长到3~4米，喜欢温暖潮湿的气候，但是根部的耐湿性却不好，因此适合种在排水性良好的山坡地上。

· 柑橘属于双叶植物，叶子是椭圆形的，末端尖尖细细的；冬末春初会开白色的花，有浓浓的香味。此外，柑橘的生长速度很快，冬季是果实的盛产期。

基本资料

别　　名：芦柑、乳柑、潮州柑

学　　名：*Citrus* spp.

原 产 地：中国

种子来源：市场、超市都有售

柑橘种子大小比较

月份	1	2	3	4	5	6	7	8	9	10	11	12
花期	■	■	■	■	■							
采收期	■	■								■	■	■

栽种步骤

1 泡水 约七天

将吃完的橘子籽洗干净泡水，一定要每天换水，七天后用手指轻按会破开的种子就舍弃。

2 排列 深色部位朝下

由外而内整齐排列，一颗接着一颗排列。种子深色部位要朝下。

3 铺麦饭石 铺匀

因为橘子籽小，所以要用小麦饭石铺至完全看不到种子为止。

每颗种子有两个以上的芽点

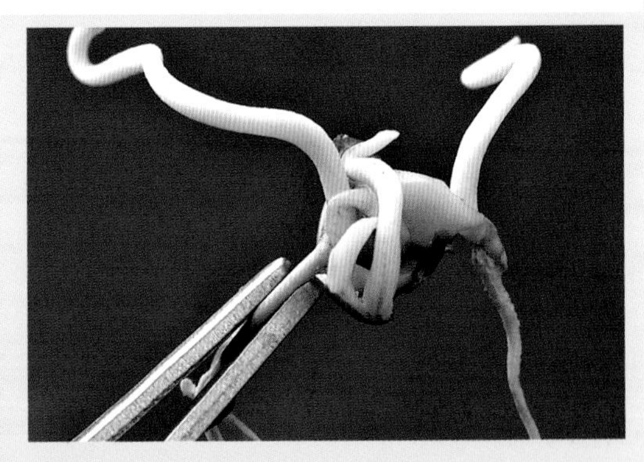

橘子籽跟柳丁籽一样，有两三个芽点，所以种植成盆栽之后，会出现三种不同层次的叶片，非常特别。

4 喷 水 完全浸透

来回喷水四圈左右，使土壤与种子完全湿润。

QA

Q 柑橘的品种很多，每种都能当成室内盆栽吗?

A: 是的。只要挑选大一点的种子来种就可以了，没有品种的限制。

Q 如果一次吃的橘子籽数量很少怎么办?

A: 有两个办法可以解决这个问题。一是泡水之后，选用小容器来栽种；二是将每次吃完柑橘剩下来的籽都随即泡在清水里，收集到足够的数量之后，就可以选用大容器栽种了。不管用哪种方法，一定要记得天天换水，这样才能保持种子的新鲜度。

Q 柑橘籽可以跟其他种子一起种吗?

A: 可以。只要是柑橘类的水果，像橘子、柳丁、柠檬、金橘等的种子，都可以种在一起。

随时吃随时种的水果

柳丁

芸香科

特　征

· 柳丁属于多年生的常绿植物，可以长到2~3 米，是柑橘类果树中种植面积最广、产量最多的种类。它的枝叶紧密，叶子大小中等，叶形呈卵形或长卵形。

· 柳丁树会开花，花的颜色是纯白色，有淡淡的香气。柳丁成熟的时候，颜色是由初期的青皮、微黄、泛黄慢慢变成金黄色。

基本资料

别　　名：印子柑、甜橙

学　　名：*Citrus sinensis*

开 花 期：秋季

原 产 地：印度和中国华南一带

种子来源：水果市场都有售

有籽和无籽柳丁比较

进口的柳丁（Sunkist orange）只有果肉，没有种子，购买的时候一定要分辨清楚。

月份	1	2	3	4	5	6	7	8	9	10	11	12
花期									■	■	■	
采收期	■	■	■	■	■	■	■	■				■

栽种步骤

1 泡水 天天换水

将吃完的柳丁籽洗干净泡水，一定要每天换水，七天后用手指轻按会破开的种子就舍弃。

2 排列 尖部朝上

由外而内整齐排列，记得要将种子尖部朝上，然后一颗接一颗排列整齐。

3 铺麦饭石 铺匀

因为柳丁种子小，所以要用小麦饭石铺在种子表面，至完全看不到种子表面为止。

4 喷水 完全湿透

来回喷水三圈左右，使土壤与种子完全湿润。

每颗种子有两个以上的芽点

柳丁的种子有两三个芽点，所以种植成盆栽之后，会出现三种不同层次的叶片，非常特别。

QA

Q 果实很小的品种，种子也可以种吗？

A: 可以的。只要挑选大一点的种子来种就可以了，没有品种的限制。如果种子干扁或不饱满，请舍弃；一定要选大颗饱满的来栽种，才会长出健康的幼苗。

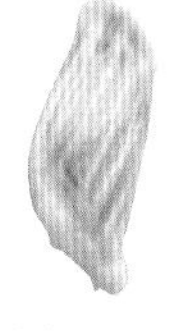

× 舍弃

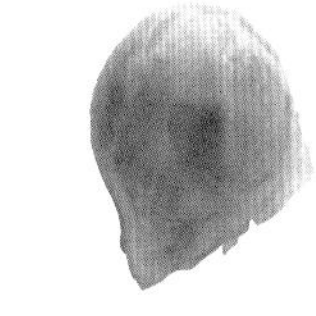

○ 保留

Q 多久喷一次水？每次该喷多少水呢？

A: 两天喷一次水就可以了，每次喷两三圈。要注意的是，给植物喝水最好能定时定量，也就是说要避免想到才给水或没事就给水，这样植物可能会因为水太少而干枯，或是水太多而根部发烂。

Q 喷水该喷在叶子上，还是麦饭石上？

A: 喷水最主要的目的是要让根部吸收到水分，植物才不会因为缺水而死亡，所以要喷在麦饭石上；不过最好也喷喷叶片，避免空气太干燥，使叶片缺乏水分。

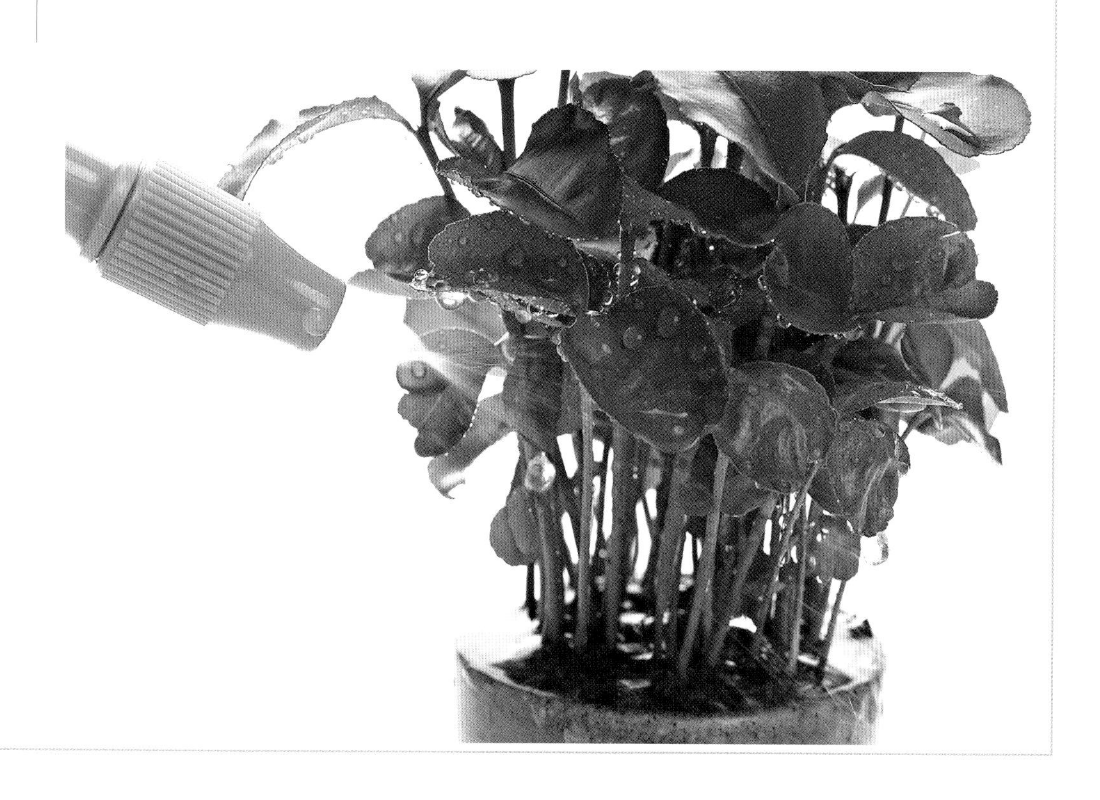

市场都可以买到的水果

柠檬

芸香科

特　　征

·酸溜溜的柠檬属于多年生常绿的阳性植物，可以长到1米左右；它的枝子直立，干部则多枝多刺。

·柠檬树的树皮是灰色的，而刚长出来的嫩梢则是紫色的。它的叶尖是卵形或菱形，叶片摸起来有些厚度，叶柄很短，如果用手轻轻搓揉叶片，可以闻到淡淡的柠檬香味。每年四五月是柠檬树开花的季节，花色是淡黄绿色微带浅紫色。

基本资料

别　　名：香檬、黎檬

学　　名：*Citrus limon*

原 产 地：东南亚

种子来源：水果市场都有售

有籽和无籽柠檬比较

一般柠檬　　无籽柠檬

市面上的柠檬有无籽和有籽之分，无籽柠檬适合泡柠檬水，购买时要分辨清楚。

月份	1	2	3	4	5	6	7	8	9	10	11	12
花期				■	■							
采收期					■	■	■	■	■			

栽种步骤

1 泡水 大约泡七天

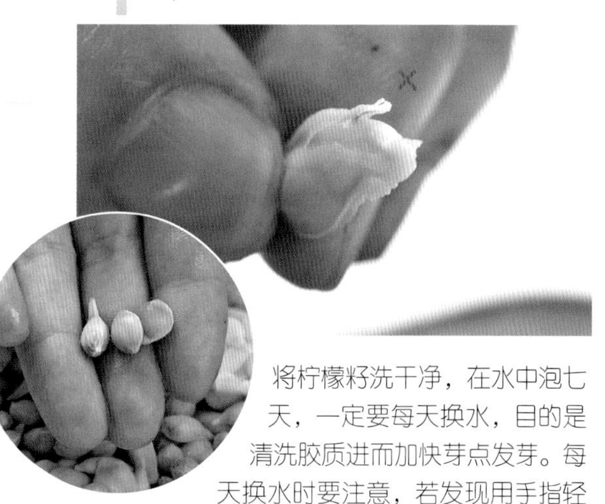

将柠檬籽洗干净，在水中泡七天，一定要每天换水，目的是清洗胶质进而加快芽点发芽。每天换水时要注意，若发现用手指轻按会破开的种子就舍弃。

2 排列 尖部朝上

将柠檬籽的尖部朝上，然后由外而内整齐排列，种子的间距约是 0.1 厘米。

3 铺麦饭石 铺匀

因为柠檬种子小，所以要用小麦饭石铺在种子表面，至完全看不到种子表面为止。

4 喷水 完全湿透

来回喷水三圈左右，使土壤与种子完全湿润。

5 发芽 三周之后

大约三周后会发出新芽，四周之后会长出嫩芽来。

QA

Q 栽种出来的柠檬盆栽，会长成柠檬树吗？

A: 不会的。因为盆的大小决定了植物生长的高度，所以只要是在室内的种子盆栽，生长到一定的高度就不会再长高了，这样才适合种植在室内。

Q 买回来放很久，外皮变得皱皱的柠檬，可以拿它的籽来种吗？

A: 可以的。超市常常会卖一袋一袋的柠檬，可是因为柠檬很酸，大多数都是拿来泡柠檬水喝，或是做菜的时候加几滴柠檬汁调味，所以柠檬常会放到皱巴巴的，最后只好丢弃。这些外表皱皱的柠檬，里面的籽有些还是新鲜的，所以都可以拿来种成可爱的小盆栽。如果一时之间没办法食用很多柠檬，可慢慢地收集种子。

Q 柠檬小盆栽为什么长出来的幼苗有高有低呢？

A: 因为每一颗柠檬籽都有两三个芽点，成长的速度自然有快有慢，所以你可以看到不同层次的新苗在同一个盆中陆续成长，非常可爱。

四季都会结果的水果

金橘

芸香科

特　　征

· 金橘是过年最有人气的开运植物，属于多年生的常绿小乔木。它的叶子是长卵形的，而且有种特殊的香气。

· 金橘的花是白色的，带有香气，花开的时候会吸引成群的蜜蜂前来采蜜、授粉。果实很圆很可爱，果皮非常光滑，里面的果肉是一瓣一瓣的。

基本资料

别　　名：四季橘、公孙橘、圆果金橘

学　　名：*Fortunella margarita*(Lour.)Swingle

分　　布：原产于中国南方

花　　期：全年，以秋季最盛

结 果 期：全年，以一至三月最盛

种子来源：花市有整株的金橘，水果市场及超市有成熟的果实

果实成熟颜色比较

金橘的果实若完全成熟是橘黄色的，表皮会变软，很容易就剥开了；还未成熟的果实也可以取籽来种，只是表皮比较硬，要用水果刀切开。

月份	1	2	3	4	5	6	7	8	9	10	11	12
花期												
采收期												

栽种步骤

1 取种子

轻轻取出果肉中的籽

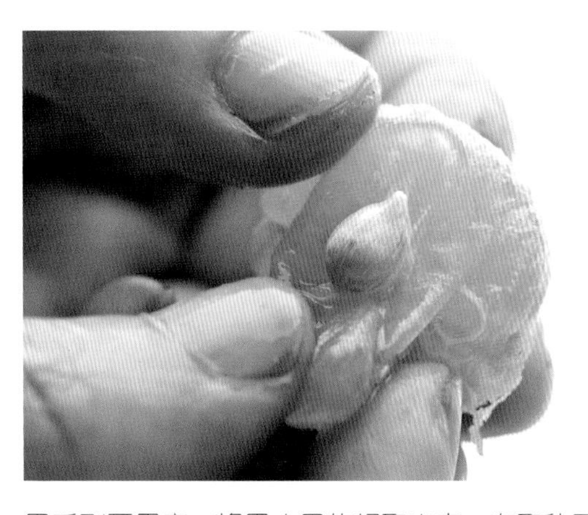

用手剥开果实，将果肉里的籽取出来。在取种子的时候，双手不要碰到眼睛，否则容易被果皮涩涩的汁液刺激到。

2 泡水 先连续冲水三次

取下种子之后，找个大一点的容器，像洗米一样，在水龙头下连续冲，换水三次左右，直到水里没有果肉为止。然后将种子浸泡在水里七天，每天都要换水清洗。

3 排列 从外而内紧密排列

金橘的种子较小，排列的时候一定要一颗接着一颗，不要留空隙。由外圈往内慢慢排列整齐。

4 铺麦饭石 用小麦饭石轻铺表面

因为种子小，所以请选用小麦饭石铺在种子上层至完全覆盖。

5 喷水 来回三圈刚刚好

在麦饭石上用喷水器来回喷三次，要注意，这是以喷水器的水量充足为前提的；如果喷水器水量较少，请加满水再喷。

QA

装饰用的金橘树上的果实，可以种吗?

A: 可以。节庆时期，很多人喜欢买一棵金橘树在树枝上绑上红缎带，摆放在客厅当装饰。而等节庆过后，可能就不知道如何处理这些金橘的果实了。下次别忘了摘下成熟的黄色果实，将里面的籽拿来栽种成小盆栽。

如果家里没有金橘树，可以在哪儿买到呢?

A: 这几年，很多人喜欢在家里自己泡橘茶喝，所以在一般的超市或水果市场都可以买得到。

买一大袋金橘，泡茶又喝不完，还可以做成其他的食品吗?

A: 可以先将金橘里头的籽取出来泡水，然后将果肉连皮切成小条状，加些冰糖熬煮，就变成一道很健康的金橘冰糖茶点喽。

材料:

金橘 0.5 千克、冰糖 0.6 千克

做法:

1. 将种子取出。
2. 将果肉连皮切成薄片。
3. 用平底锅小火慢煮（不能加水），煮到变稠为止。

吉祥开运的水果

柚子

芸香科

特　征

·说起柚子，大家都会想到中秋节一边赏月一边吃柚子的画面（编者注：柚子外形圆，象征团圆之意，在南方一些地区是中秋节的应景水果），不过你可能不知道那些吃剩下的柚子籽，竟然可以种成小盆栽。

·柚子属于常绿乔木，树的高度约是5~10米。树皮是褐色且平滑的，叶片是互生的，而且有浓浓的柚香，非常好闻；春天会开白色的花，花瓣是卷缩的。柚子的果肉每颗大约是12瓣。

基本资料

别　　名：气柑、朱栾、香栾

学　　名：*Citrus grandis* (L.) Osbeck

分　　布：东南亚及中国华南一带

种子来源：中秋节到农历春节在超市或水果摊都可买到

种子剥皮和不剥皮比较

柚子籽的外皮剥掉和不剥掉都可以种，剥皮种会长得比较快。

月份	1	2	3	4	5	6	7	8	9	10	11	12
花期			■	■								
采收期	■	■						■	■	■	■	■

栽种步骤

1 泡水 先连续冲水三次

取下种子之后，找个大一点的容器，将柚子籽泡在水里，一般几小时之后，水会结成果冻状，这是正常现象，不用担心。浸泡在水里七天，每天都要来回用力搓洗，每天换水至无杂质。

2 去 皮 剥开种子外皮

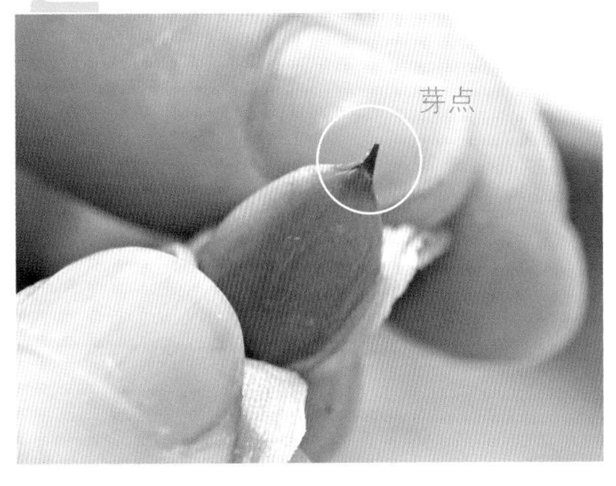

柚子籽外表有一层透明的皮，在浸泡七天之后可以将此皮剥去，剥的时候要小心，不能伤到尖的部分，否则芽点会被破坏。

3 排 列 深色部位朝上

柚子籽是大颗的种子，排列的时候不要太密，种子间距大约是 0.2 厘米，要特别注意，深色的部位要朝上，然后由外圈往内慢慢排列整齐。

4 铺麦饭石 麦饭石要适量

麦饭石要铺满。如果你是使用大盆种柚子，那么请选用大麦饭石；若是小盆，就选用小麦饭石。

5 喷 水 来回四圈刚刚好

因为柚子籽较大，所以要用喷水器来回喷四次左右，至麦饭石与土壤完全湿透为止。要注意，这是以喷水器水量充足为前提的；如果喷水器水量较少，请加满水再喷。

QA

Q 白柚、红柚、文旦，都可以种吗？

A: 都可以的，但最好选择大颗的籽来种，这样长出来的柚子苗才会比较健康。种子主要取自白柚与红柚（成熟于每年十一月左右），中秋节文旦柚种子小且大多数都无籽，不适合种。

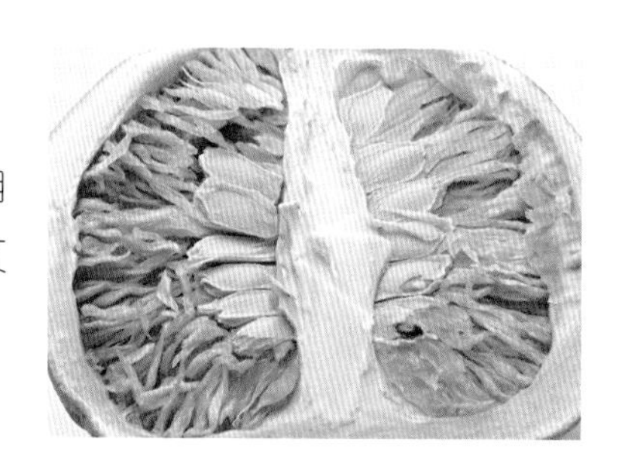

Q 大约多久会发新芽？

A: 柚子发芽的速度比较快，泡水七天之后种植成盆栽，约三周就会开始长根发芽，记得要两天喷一次水。

Q 排列种子时，需不需要很紧密呢？

A: 因为柚子籽比较大，需要预留空间让新芽长出来，所以栽种的时候，要特别注意种子间距。每颗种子的间距约为 0.2 厘米，不要太密集，但也不可过于松散，种子间距是影响整个盆栽美观的关键因素之一。

Q 中秋节送礼，可以送柚子盆栽？

A: 没错，很多人都会在中秋节送一箱柚子给亲朋好友，其实，不妨在中秋节前一个月开始种柚子盆栽，不但应景，又可以给对方一个惊喜，而且据说古代的考生会用宣纸夹两片柚子叶放在衣服的口袋里，取其谐音“保佑”之意。所以下次中秋节送礼，请用柚子盆栽代替月饼和柚子吧。

夏天最盛产的水果

龙眼

无患子科

特　　征

· 龙眼是夏天常见的水果之一，它属于常绿乔木，树的高度可达 10 米左右；树皮棕褐色，茎的上部有很多分枝，比较细小的枝干上则有黄棕色短柔毛。

· 龙眼的核像颗小弹珠，外皮黄褐色，肉质多汁而且很甘甜。

基本资料

别　　名：龙眼根、福圆根、桂圆、圆眼

学　　名：*Euphoria longans* (Lour.) Steud.

分　　布：广西、广东、福建、台湾等地

花　　期：春夏，黄白色小花

结 果 期：夏季

种子来源：夏季在水果市场可买到。龙眼籽越小越好

种子新鲜度颜色比较

新鲜种子的芽点是白色的。在种之前，要先判断种子是不是新鲜的，新鲜的种子才会发芽。

不新鲜的种子芽点是黑色的。种子芽点变黑表示已经开始腐烂了。

月 份	1	2	3	4	5	6	7	8	9	10	11	12
花 期			■	■	■	■	■					
采收期								■	■	■	■	■

栽 种 步 骤

1 洗 净 先用清水洗籽

吃完的龙眼籽要先洗干净，龙眼容易有小虫子，要特别注意。

2 取种子 果肉要全部去除

将吃完的龙眼籽留下来，种子顶端的果肉要全部去掉，如果没有清除干净，泡水和种植后都会招来果蝇，所以一定要全剥掉洗干净。最好挑选小颗的籽来种，种出来比较美观。

3 泡 水 每天要换水

把种子处理干净之后，找个大一点的容器，像洗米一样，在水龙头下连续冲换水三次左右，直到水里没有杂质为止。然后将种子浸泡在水里七天，每天换水至无杂质。之后外壳会微微裂开。

4 排 列 从外而内排列

龙眼的种子属于中等颗粒，排列的时候一颗接着一颗，不留间距。由外圈往内慢慢排列整齐。

5 喷 水 来回四圈刚刚好

用喷水器来回喷四次，因为龙眼的种子比较坚硬又稍大，所以可以稍微喷多一点。

6 铺麦饭石 用大麦饭石轻铺表面

因为种子较大，所以请选用大麦饭石铺在种子上层。铺完麦饭石之后，可用手掌轻压，让种子更稳固地种在土壤里。

7 发芽

大约二十天后新芽就会冒出来了！

四周之后就变成龙眼小森林了！

QA

Q 吃完的龙眼籽，可以直接栽种吗？

A: 一定要将果肉完全清除干净再栽种。通常吃剩的龙眼籽上都还残留一些白色果肉，这些果肉如果没有清除干净就泡水或直接栽种，就会招来果蝇，所以不要嫌麻烦，一定要将种子清理干净再栽种！

Q 龙眼成长之后，叶子会变色吗？

A: 栽种龙眼最有趣的就是欣赏叶子的变化过程。刚发出来的新芽叶子颜色是褐色的，之后会慢慢变成粉红、浅咖啡、浅黄、浅绿、深绿。所以你可以同时看到五六种不同颜色的叶子在同一个盆栽里，非常美观。

Q 栽种的时候，龙眼的芽点为什么要朝上？

A: 芽点朝上种植的目的是，芽点可以直直地长出来，不会太辛苦地转换生长的方向，可以较快长大。

好吃又可以种的水果

火龙果

仙人掌科

特　　征

· 火龙果也是一种常见的水果，它的外皮是紫红色的，形状呈椭圆形，外面有一片片龙鳞状的果皮，是原产于中美洲的经济作物。

· 火龙果属于仙人掌科，又称为仙蜜果，品种分成红、白两种果肉。血压高的人可以多吃些火龙果。

基本资料

别　　名：红龙果

学　　名：*Hylocereus undatus* Britt.et Rose

原 产 地：越南

花　　期：五月下旬就开始陆续开花。花为白色，晚上才会开，很像昙花

种子来源：在水果市场或超市都有售

果实颜色比较

红肉火龙果，对于降血压、消火气及改善便秘非常有帮助，也是维生素 C 相当丰富的水果；红红的果肉为天然的红色素，吃起来比白肉甜。

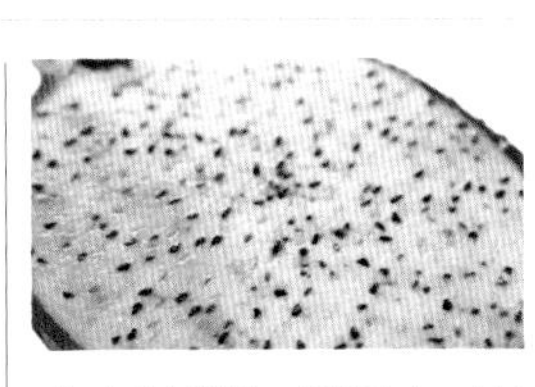

白肉火龙果，产量大，比较不怕冷，亦有降火气的效果。

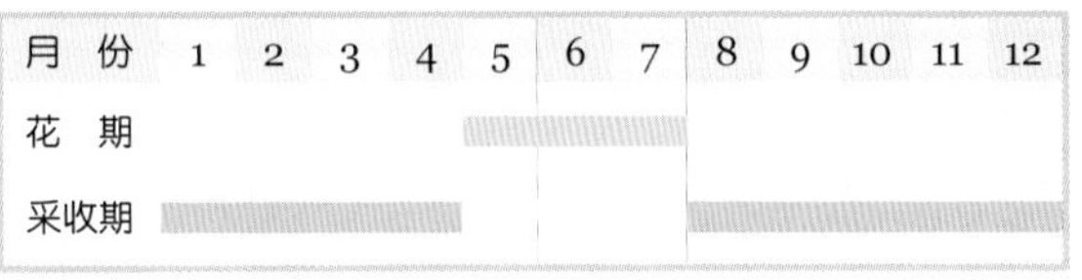

月份	1	2	3	4	5	6	7	8	9	10	11	12
花期					■	■	■					
采收期	■	■	■	■				■	■	■	■	■

栽种步骤

1 取种子 关键六步骤

a. 刮果肉

将新鲜的火龙果切成两半，用汤匙轻轻将果肉刮入容器中。

b. 搓揉果肉

加水稀释之后，用手指轻轻搓开白色的果肉与黑色的种子，泡水一天。

c. 倒入纱布袋

次日，将搓揉后的果肉与籽倒入纱布袋。

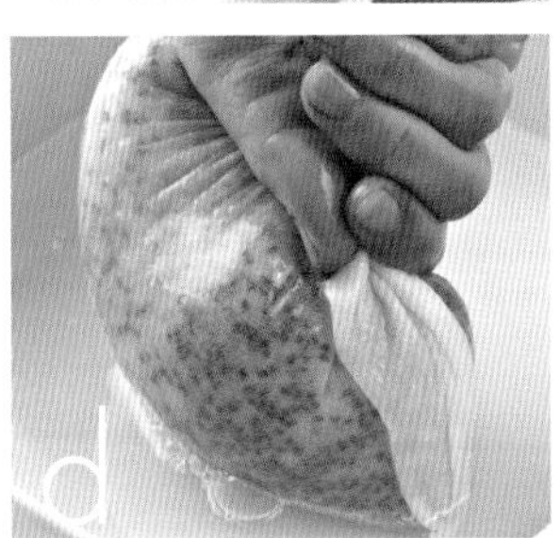

d. 用力挤压

将纱布袋中的水分和白色果肉用力挤出。

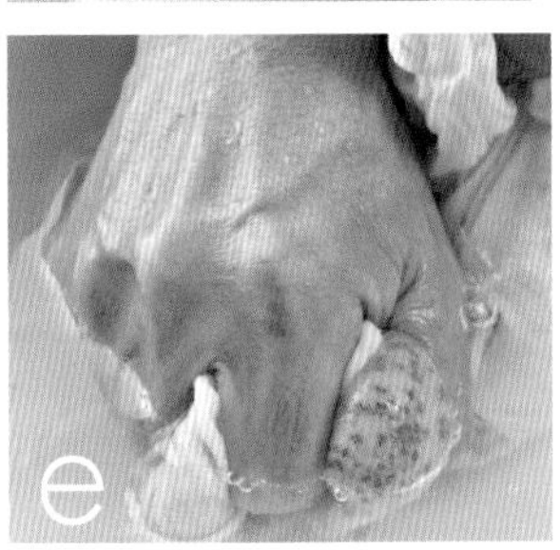

e. 搓揉纱布袋

在水盆里再次搓揉果肉，促使果肉与籽分离。

f. 倒出果肉和籽

将搓揉之后剩余的少许果肉与籽倒入大一点的容器里，加水稀释，重复步骤 c 至 f，至果肉完全过滤干净为止。三天之内一定要将种子清洗到有涩涩的感觉。

2 沥干 用滤网滤干

将过滤出来的黑色种子放在滤网里沥干，但不要放太久，约至水滴无法滴出的程度，就可以进行下一个步骤。

3 轻拍 利用体温使籽快速变干

将种子铺在手臂上，此步骤主要是利用体温让种子完全干燥，然后轻拍手臂让种子慢慢掉落下来。

4 撒籽 均匀铺撒

将种子均匀撒在培养土上。

5 喷水 两天一次

用喷水器来回喷三次即可。

6 覆盖 用保鲜膜包紧

因为种子平铺于土的表面水分容易流失，所以要用保鲜膜包起来，然后每两天掀开来浇水一次，直到长出新芽后，再完全掀开。

7 发芽

一周后 即可看见新芽长出来喽！

四周后 种子的外壳就会慢慢掉落了。

四个月后 第二层像仙人掌的小刺，就会开始长出来了。

火龙果的另一种栽种法

因为火龙果的幼苗刚发芽时，很容易受到霉菌感染，所以可以用移植法来栽种，会比较容易成功。

栽种步骤

1 撒种 观察

将种子撒在大盘中等待发芽，仔细检查发芽的种子是否有霉菌感染的现象。

未感染

感染

2 发芽后换盆 用夹子夹起

用夹子轻轻夹起大盘中一小片发芽的种子，将其平铺在盆栽里的培养土上。

3 放置嫩芽 中间大片

注意用夹子夹起小撮的发芽种子，紧贴着盆边小心铺上，中间的部分可以一次性放较大片的幼芽。

4 轻压 使幼芽紧贴土壤

全部铺完之后，用夹子轻压幼芽，使其根部更紧贴土壤。

5 喷水 水量不宜多

因为火龙果的籽小如芝麻，所以不需要洒太多水，均匀地来回喷两次即可。

注意，盆边不要有空隙！

由于火龙果的种子非常小，所以要特别注意盆边尽量要铺满种子，这样长出来的幼苗才会密集；如果零零散散地随便种，种出来的盆栽就会很稀疏，失去了美感。

QA

Q 火龙果属于仙人掌科，浇水的时间和水量是不是跟种植仙人掌一样呢？

A：仙人掌的容器是有排水孔的，所以可以浇水；火龙果的容器是无排水孔的，因此须喷水，两天喷水一次就可以了。

Q 火龙果籽为什么会局部长霉菌呢？该如何处理呢？

A：火龙果的种子非常小，所以很容易被细菌感染，在种植的时候要特别小心，建议可以用前面提到的移植方法栽种。撒籽之后，大约七天会长出小小的新芽，如果发现有局部感染霉菌的情况，一定要赶快移除，不然很快就会扩散感染到其他种子。

川七

落葵科

特　征

·川七属于藤蔓植物，在河堤或墙边常常可以看见一大片的川七藤。川七是多年生宿根稍带木质的缠绕藤本，光滑无毛。川七的植株底部属于簇生肉质根茎，常常隆起裸露在地面。它的根茎及分枝有顶芽和螺旋状的侧芽，它的芽具有肉质鳞片。

·川七对环境的适应能力非常强，所以通常看到就是一大片，只要你认得川七的长相，几乎走到哪里都可以看到它。

基本资料

别　　名：藤三七

学　　名：*Anredera cordifilia* Moq.

原 产 地：巴西

花　　期：夏秋季开花，花序呈长穗状，长达20厘米。花小，下垂，花为白色或白绿色

来　　源：路边、墙边种植川七处

月份	1	2	3	4	5	6	7	8	9	10	11	12
花期							■	■	■	■		
采收期	■	■	■	■	■	■	■	■	■	■	■	■

栽种步骤

1 洗净 立刻进行

将捡回来的球茎洗干净，一定要将附着在上面的泥土都洗掉，这样才不会长虫，种在室内也才能保持干净。

2 铺麦饭石 约七分满

选好适当的容器，加进洗干净的麦饭石至七分满即可。

3 放入 注意角度

用夹子轻轻地将清洗干净的球茎放在麦饭石上方，要注意球茎摆放的角度，因为这会影响嫩芽长出来的姿态。

4 喷水 完全湿透

摆放好球茎之后，喷满水让球茎达到非常湿润的状态。记得，两三天喷水一次。

5 发芽 五到七天后

可爱的川七嫩叶大约七天就会长出来。

这样种植也可以

1. 藤部打结法

川七属藤蔓植物，所以它的藤茎是软的，可以任意弯曲，不过太老的藤弯折程度可能就有限了，所以最好挑选嫩一点的藤，然后轻轻打个结，插在水里就可以了。

2. 找现成的独株栽种

除了藤蔓上的球茎之外，你还可以在地上发现有独株的小川七，可以轻轻捡起来，回家将根部洗干净，直接插在麦饭石里加清水即可便成掌中小盆栽。

3. 枯木组合法

由于川七是藤蔓植物，所以将川七与枯木混搭种植是很恰当的，这样川七就可沿着枯木攀爬生长了。

a. 植入川七
沿着枯木边缘的地方，挖开适当范围的土壤，准备将川七植入。

b. 埋球茎
将川七的球茎与细根埋在土壤里。

c. 铺麦饭石
小心将洗净的麦饭石铺在土壤上。

d. 喷水
用洒水器均匀地喷洒足够的水于麦饭石上。

QA

Q 哪里可以找到川七的球茎?

A: 要找有肥厚球茎的川七，可能要到山上去了。山上会有很多年龄较大的川七，通常都有结实的老球茎，这些球茎在水分充足的环境中，很快又会繁殖成一大片了，所以如果有空上山走走，不妨捡一些球茎回来当作室内盆栽。

Q 叶片变黄，是因为没晒太阳吗?

A: 不是的。叶片变黄是正常现象，不用担心的，只要将黄叶摘掉就行了。

Q 为什么放在室内的川七叶片颜色和野外不太一样?

A: 野外川七的叶子多是深绿色的，而室内川七因为是利用室内光线进行光合作用，所以叶子的颜色是浅绿色。

Q 可以长期放在室内吗?

A: 当然是可以的。川七虽然原本是生长在户外的植物，但移植到室内当盆栽之后，会渐渐适应室内环境，利用室内光线进行光合作用，一点都不用担心。

Q 水分多少才算刚刚好呢?

A: 川七吸收水分的速度很快，所以不怕水太多，只怕因为忘记给水而造成干枯，所以外出远游的时候，最好找人帮忙按时浇水，以免川七枯死。

四季都有的作物

甘薯

旋花科

特　征

·随着科学饮食理念的普及，愈来愈多的人开始重视甘薯，因为甘薯含大量纤维质，可以刺激肠胃蠕动，有益大肠保健；其富含的胶原及黏液多糖类物质，可以增强血管弹性，保持血管畅通，预防动脉血管硬化，分解多余胆固醇，是防癌抗癌的良品。

基本资料

学　　名：*Ipomoea batatas*
原 产 地：美洲
花　　期：秋天开花，白色花冠呈漏斗状
结 果 期：全年，但以一至三月结果最盛
来　　源：根茎本身就是种子，所以在市场都能买到

新鲜度的比较

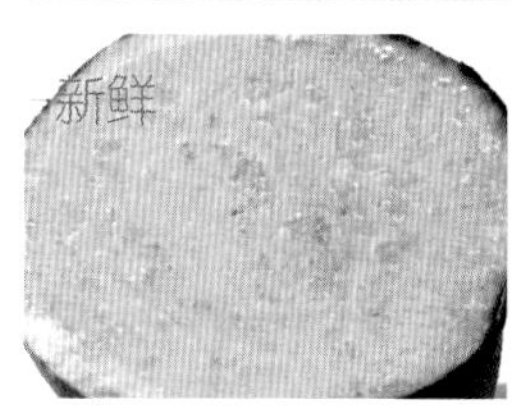

把甘薯剖开后会发现，新鲜的甘薯里面水分充足，有光泽。

甘薯摆放太久会变质，虽然外表看起来跟新鲜的差不多，但是里面会呈现干巴巴的样子，且果肉松软。

月份	1	2	3	4	5	6	7	8	9	10	11	12
花期									■	■	■	
采收期	■	■	■	■	■	■	■	■	■	■	■	■

栽种步骤

1 洗净 先用清水洗干净

准备好新鲜的甘薯，清洗干净。

2 浸泡 泡水至发芽

找一个可以将甘薯横放的盆，将甘薯底部浸泡在水中，等待发芽。

3 铺麦饭石 准备容器

选择大小合适的容器，铺满干净的麦饭石。

4 换盆 根部埋在底下

将已浸泡至发芽的根部插入麦饭石下方，让根部完全被掩盖住。

5 喷水 要喷满水

在麦饭石上喷满水，使其完全湿润。要注意水不要超过麦饭石，否则容器的周围会有一层白色的痕迹。

如何修整甘薯?

修剪步骤

甘薯生长非常快，即使是放在室内当盆栽，短短几天的时间就会长出好几片新叶，所以为了维持植物美好的姿态，要记得常常修剪甘薯的枝叶，使其不会因为长得太快而显得杂乱。

1. 修剪大的枝条，以控制树型。

2. 将新芽的顶端部分剪掉，让侧芽萌发生长。

QA

Q 可以用已经发芽的甘薯来种吗?

A: 最好不要。因为那些放到自然发芽的甘薯通常肉质已经松软了，虽然发芽了，但若拿来栽种成盆栽，线条和叶形可能都不会长好。

Q 盆栽如何布置呢?

A: 可以用两三个甘薯组合成一个盆栽，用水耕的方式放在盆中，摆放在客厅一角就非常美观。也可以用大盆，挑选七八个甘薯，一起放在盆中水耕，盆里还可以养些小鱼，放在室内的墙角，别有一番风味呢!

Q 挑选甘薯有诀窍吗?

A: 拿来种植成室内盆栽的甘薯，不但要新鲜，形状也非常重要。选择的时候最好挑选“连体婴”，除了欣赏茎叶之外，甘薯的外形也是一大亮点呢!

进口蔬菜

奇优果

旋花科

特　　征

·奇优果的外观看起来有点像甘薯，是一种美味可口的根茎类蔬菜。颜色鲜艳，甜美多汁，可运用多种方式烹调，富有极高的营养价值。

·光是看到奇优果的外观，一定猜不到它长出来的茎和叶是那么的可爱。所以，如果在逛超市时看到奇优果，可以买一些回家种种看哦。

基本资料

原 产 地：安第斯山脉，目前从哥伦比亚高原到南智利被广泛种植

来　　源：超市可以买得到

嫩茎是红色的

月 份	1	2	3	4	5	6	7	8	9	10	11	12
花 期					■	■	■	■				
采收期									■	■	■	

栽 种 步 骤

1 洗 净 先用清水洗干净

将买回来的奇优果清洗干净。

2 铺麦饭石 约半盆

在容器内铺上干净的麦饭石，约半盆的数量。

3 排列 根部朝下

将奇优果的根部朝下，插入麦饭石下方，使根部固定。

4 调整位置

使用镊子轻压

多株种植时，可用镊子轻压麦饭石，调整位置至美观。

5 喷水

麦饭石喷满水

在麦饭石上喷满水，但不要没过麦饭石。

6 发芽 一个月之后 嫩芽会逐渐向上长出小巧的叶片

QA

Q 哪里可以买到奇优果?

A: 一般来说，在进口蔬果的超市可以买得到。大概每年的秋天是产季，在挑选的时候要注意形状是否美观。如果是装袋卖的，没办法挑选，那么就整袋买回家，外形美观的可以拿来做成盆栽，其他的奇优果则可以做成美味料理。

Q 奇优果可以拿来做什么料理呢?

A: 可以生吃，也可做成沙拉来食用，干炒也很可口。

竹芋

竹芋科

特　征

· 竹芋是以前山野间常见的植物。它适合生长在排水良好、高温多湿的土壤中，它的根部含有丰富的淀粉和纤维。

· 竹芋的叶子是椭圆形的，花枝由叶腋抽出。它的叶片白天前端下垂，呈现舒展的姿态；到了晚上，叶片会接近垂直状，以保护位于中心的嫩芽。

基本资料

学　　名：*Maranta arundinacea* L.

原 产 地：美洲热带地区

花　　期：温室内全年均可开花

来　　源：一般市场及超市能买到现成的

根茎是黄绿色的

月　份	1	2	3	4	5	6	7	8	9	10	11	12
花　期	■	■	■	■	■	■	■	■	■	■	■	■
采收期	■	■	■	■								

栽种步骤

1 洗净 先用清水洗干净

准备好新鲜的竹芋，清洗干净。

2 浸泡 泡水至发芽

找一个合适的盆，将竹芋底部浸泡在水中，等待发芽。

3 换盆 根部埋在底下

挑选合适的容器，铺上麦饭石。将已浸泡至发芽的根部插入麦饭石下方，让根部完全被掩盖住。

4 加水 倒水盖过麦饭石

在麦饭石上加满水。

QA

Q 哪里可以买到竹芋?

A: 一般市场都可以买到。通常每年的二至三月是盛产期，如果有机会在市场看到，不妨买回来当盆栽种种看。

Q 竹芋的叶子一直长高，该怎么办?

A: 竹芋成长的速度很快，形状笔直，所以如果担心长得太高，可以从最顶端修剪。不要舍不得剪，因为几天之后，它又会开始长出新叶子了。

Q 竹芋适合用什么容器栽种?

A: 竹芋适合用浅盆水耕种植，茎部要露于麦饭石外，这样可以连同茎、枝、叶一起欣赏。

わがまま歩き
③
LOVE BOOK
10の理由

超市可以买到的蔬菜

甘露子

唇形科

特　征

·本名草石蚕，是农业试验研究单位正在积极推广的一种新兴蔬菜，对气候要求不高，很容易栽培，适合生长在肥沃的沙质土壤中。它的块茎采收期是在每年的春、秋两季。

·甘露子的块茎形状相当有趣，像蚕宝宝，又像一条分节的虫，因此，别名叫冬虫、地蚕、螺丝菜等，甚至称为生冬虫夏草，但其实它与真正的冬虫夏草可是大大不同哦！

基本资料

别　　名：宝塔菜、地蚕等

学　　名：*Stachys sieboldii* Miq.

花　　期：夏季开淡紫色花

原 产 地：东亚，尤其中国

来　　源：一般市场、大型超市都有售

月份	1	2	3	4	5	6	7	8	9	10	11	12
花期												
采收期												

栽种步骤

1 洗净 先用清水洗干净

将买回来的甘露子清洗干净。

2 排列 节环处三角尖朝上

在排列的时候，要特别注意方向，每个节环处都有一个三角形的芽点，请将三角形的顶端朝上，根部朝下插入土壤，将其固定。

3 调整位置 使用镊子轻压

用镊子轻压麦饭石，调整每株甘露子的位置，使其更稳固。

4 喷水 使麦饭石湿润

在麦饭石上用喷水器喷满水，使其完全湿润。

5 发芽

十天之后，嫩芽会逐渐向上长出小巧的叶片。

QA

Q 哪里可以买到甘露子？

A: 一般来说在市场或超市就可以买得到，大概每年的春季是产季，在挑选的时候要注意是否新鲜，如果是已经发芽或变黄的就不要买。

Q 甘露子可以吃吗？怎么烹调呢？

A: 当然可以吃。有些人会把甘露子洗干净之后，放入排骨中一起熬成汤来喝，喝起来很爽口，也很有营养价值。

Q 可以自己在家种植甘露子吗？怎么种呢？

A: 当然可以。你可以用大一点的盆，或是在庭院的花圃里，把甘露子直接放在土里种植，过一阵子，它就会长出地下茎，那就是新长出来的甘露子，又可以拿来当作室内盆栽种了。

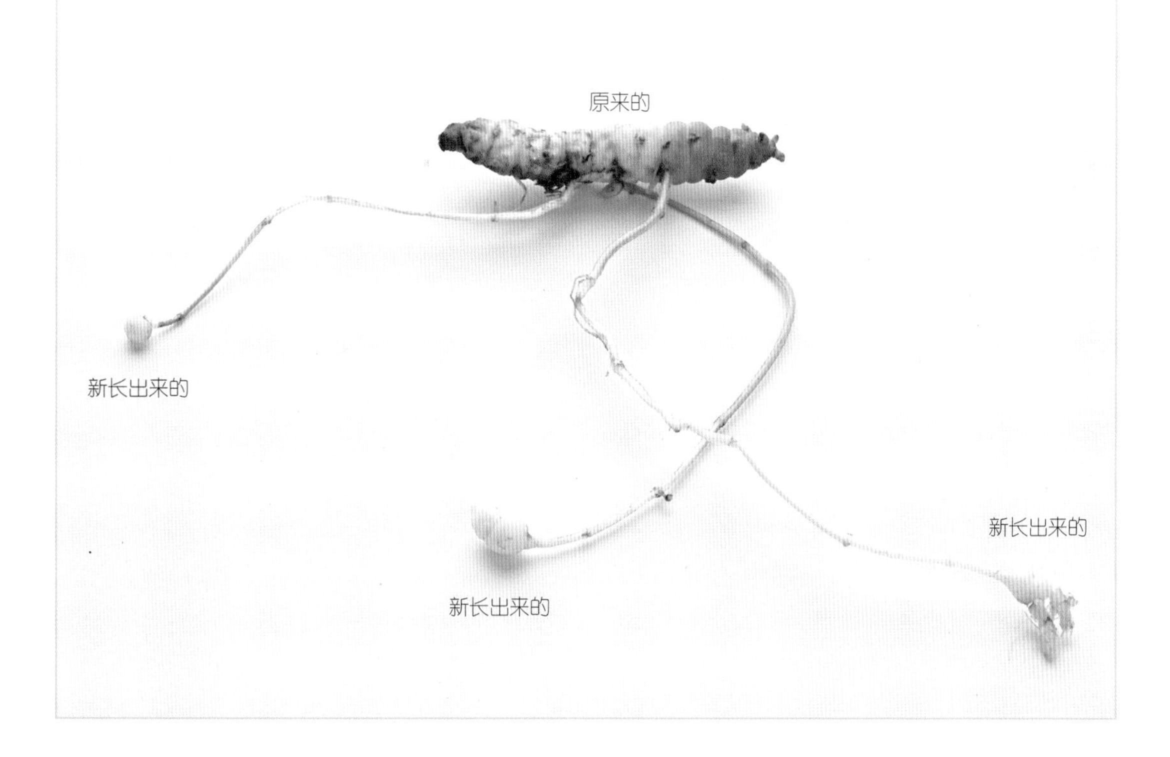

随手可捡的

市区植物

四季常绿的吉祥植物

竹柏

罗汉松科

特　　征

竹柏属于常绿乔木，分雌株和雄株。叶子表面光滑，揉一揉会有类似番石榴的气味。竹柏最高可以长到 20 多米，算是比较大型的乔木。由于竹柏对空气污染的抗害力很强，所以也是著名的行道树种。竹柏的叶片是尖椭圆形的，叶面上具有极细致的纹路，类似竹叶的样子。

基本资料

学　　名：*Nageia nagi* (Thunb.) Kuntze.

原 产 地：中国东南各省及日本南部

花　　期：春天开花，花小，不明显，颜色是黄色或绿色

种子来源：校园和路边常有竹柏的种子

果实颜色比较

成熟的果实是深紫色的，注意干皱的种子不能种。

尚未成熟的果实是绿色的。

月 份	1	2	3	4	5	6	7	8	9	10	11	12
花 期			■	■	■	■						
采收期							■	■	■	■	■	

栽 种 步 骤

1 剥 皮 清洗干净

剥去紫黑色的外皮，并且将种子清洗干净。

2 泡 水 泡水两天

将种子浸泡在水里两天，记得每天都要换水。

3 排列 由外而内排列

将芽点朝下，由外而内排列，一颗接着一颗紧密排列，排满整个容器为止。

4 铺麦饭石 用大麦饭石

竹柏的种子比较大，所以要选用大麦饭石均匀铺在种子上，铺至完全看不到种子为止。

5 喷水 来回喷四圈

用喷水器来回喷四圈左右，使种子与麦饭石完全湿润。

6 发根

大约四周之后 种子就会长出根和茎了。

7 长叶

竹柏的成长顺序是先长根，再长茎，种子会像球一般，顶在茎的最上面，最后慢慢长出叶子时，种子的外壳也就会自然脱落。六七周后会慢慢长出嫩叶来。

Q 竹柏的种子，哪里可以找到呢？

A：许多校园里都有竹柏，分雄株和雌株，大部分校园里看到的竹柏都会结果实，所以只要你有心，一定可以找到种子。除了校园和路边之外，花市里也可以看到竹柏种子，不过在挑选的时候要特别注意种子的新鲜度，有些种子因为放太久，内部已经干死了（表面可能看不出来），一旦买回去可是怎么种都不会发芽的。

Q 竹柏的种子，可以放多久呢？

A：竹柏的种子很耐放，所以如果捡回来的种子不打算马上栽种的话，可以先将紫黑色的外皮剥掉，清洗干净之后晾干，用塑料袋包好，然后放在干燥的地方。这样处理之后，可放半年以上。

圆叶竹柏

Q 竹柏除了尖叶的，还有其他品种吗？

A：除了常见的尖叶竹柏之外，还有一种圆叶竹柏也非常适合栽成小盆栽放在桌上欣赏。不过圆叶竹柏通常是专业人士种植的，所以较难捡到种子。此外，还有一种白叶竹柏，此品种更是少见了。

白叶竹柏

Q 竹柏适合用什么样的盆栽种呢？

A：大盆小盆都可以，主要还是根据要摆放的位置而定。如果你要放在客厅，让客人一进门就觉得很有精神，就要选用大盆来种植（当然，这时候你就要多准备一点种子了）；如果是要摆放在书桌上，那就要选择精致小巧一点的盆了。

路边常见的植物

武竹

百合科

特　　征

· 武竹属于多年生的块根草本植物，常常可以在路边的花圃看到一丛一丛的武竹。武竹广受欢迎的主要原因在于它有极佳的耐旱、耐阴的能力，而且全年翠绿茂盛，非常适合当作阳台和花园植物。

· 武竹在全日照、半日照、荫蔽处都可生长，不过在半日照处生长较旺盛。武竹的花是乳白色的，有淡淡的牛奶香味，果实很圆润。

基本资料

别　　名：密叶武竹、垂叶武竹、天门冬

学　　名：*Asparagus densiflorus*

原 产 地：南非

花　　期：春、夏两季

种子来源：路边和公园可以捡到

果实颜色比较

尚未成熟的果实是淡绿色的。 | 成熟的果实是鲜红色的。

月 份	1	2	3	4	5	6	7	8	9	10	11	12
花 期			■	■	■	■	■					
采收期	■										■	■

栽 种 步 骤

1 取种子 剥去果肉

准备好新鲜的成熟果实，轻轻挤压红色果肉，里面的黑籽会自然跑出来。

2 泡 水 每天换水

将种子浸泡在干净的水里约七天，记得要每天换水并清洗。

3 喷水 使土壤表面湿润

武竹的种子非常小，所以在种植之前要先喷点水在培养土上，以增加附着力，这样在铺上种子的时候，种子才不会无法固定。

4 铺种子 均匀平铺

因为武竹的种子很小，所以请将泡水后的种子直接铺在土壤上面，不要重叠。铺完之后，要用夹子将种子排列整齐，种子之间要紧密排列。

5 铺麦饭石

选择小麦饭石

将小麦饭石均匀铺在种子上，到完全看不到种子为止。

6 喷水 两天喷一次水

用喷水器来回喷三圈，使麦饭石完全湿润，之后两天喷一次水。

QA

Q 种植武竹的时候，培养土要放多少呢？

A：七八分满即可，因为武竹的种子小，需要稍微多一点的麦饭石，这样种子长根才能更牢固。

Q 武竹的种子，哪里可以捡得到呢？

A：很多路边的花台都有武竹，因为武竹的繁殖能力很强，所以随处都可以看到一丛丛绿色的针状细叶。要注意的是，武竹的茎有刺，在采拾种子的时候要特别小心。

庭园造景常见的植物

福木

藤黄科

特　　征

· 福木属于常绿乔木，生长速度缓慢。它的树冠呈圆锥形，树干挺直。福木的树皮很厚，是黑褐色的，叶子的表面呈暗绿色，但有光泽，叶子的背面则是黄绿色，叶柄很粗且很短，叶子的外形与琼崖海棠很相似，但是福木叶子的叶脉较粗，仔细看就可以分辨出来了。

· 福木是全日照或半日照植物，通常作为庭园树、盆栽、行道树。

基本资料

学　　名：*Garcinia subelliptica*

原 产 地：中国台湾南部、菲律宾

花　　期：夏季开花

种子来源：路边和公园

果实颜色比较

熟透的果实是褐色的。　半成熟的果实是黄色的。

月份	1	2	3	4	5	6	7	8	9	10	11	12
花期							■	■	■			
采收期	■	■								■	■	■

栽种步骤

1 剥皮 清洗干净

将果实剥去外皮，种子清洗干净。（捡回来之后，最好马上处理，否则容易招来果蝇。）

2 泡水 泡水十天左右

福木的种子比较硬，所以要泡久一点，大约泡水十天之后，再植入土壤，要记得天天搓洗换水。

3 排列 芽点朝下

将种子的芽点朝下排列，由外而内，一颗接着一颗，排满整个容器为止。

4 铺麦饭石 均匀铺满

可选用大麦饭石，但是如果是用小容器种植，那么就用多一点的小麦饭石铺撒在种子上，铺到完全看不见种子为止。

5 喷水 来回喷四圈左右

排列好种子之后，用喷水器来回喷四圈左右。

QA

Q 福木的种子，哪里可以捡得到呢？

A：公园和校园里都可以捡到。福木的种子成熟之后会自然掉落下来，所以可以在开花期过后一两个月的时间到公园或校园逛逛，你会发现福木树下散落一地的果实。

Q 室内栽种的福木，大约可以长多久呢？

A：福木适应环境的能力很强，只要记得给它足够的水分，种植六七年都是没有问题的。

福木的另类栽种法

1 泡水 泡水至长根

将福木种子泡在水里到长根为止。

2 植入 倒入麦饭石

另换盆，先往盆中倒麦饭石至容积的三分之一，然后将种子的根部放入盆中，再填满麦饭石，使根部固定，将种子裸露出来。

3 倒水 倒满水

倒入干净的水至完全没过麦饭石，之后三四天加一次水。

4 长叶 大约二十天后长新叶

福木生长的速度比较慢，大约二十天之后新叶才会慢慢长出来。

槟榔

棕榈科

特　　征

· 槟榔属于单性的常绿乔木植物，树干直立呈圆筒形，高度可达 15~20 米。它的叶子属于羽状复叶，簇生于树干顶端。

· 槟榔的花属肉穗花序，从叶鞘下部长出来。它的果实呈卵形，未成熟的嫩果的外皮是绿色的，成熟后转为黄色或橙黄色。果皮是棕色的，富含大量纤维，内藏果核及果肉汁液。

基本资料

别　　名：鸡心槟榔、大白槟、花槟榔、青仔

学　　名：*Areca catechu* L.

原 产 地：印度及东南亚一些国家

种子来源：槟榔树下可以捡到

果实颜色比较

新鲜的果实芽点是白色的。 | 不新鲜的果实芽点是黑色的。

月 份	1	2	3	4	5	6	7	8	9	10	11	12
花 期			■	■	■	■	■					
采收期	■							■	■	■	■	■

栽种步骤

1 洗 净 用清水洗干净

将捡回来的槟榔种子清洗干净，外皮的泥巴要全部洗掉。

2 剥皮 将外皮剥掉

从芽点处剥开纤维层，要剥到看到里面的种子。

3 修剪 摊开用小剪刀修剪

一只手握紧剥开的纤维，一只手拿小剪刀将种子周围较短的纤维剪干净。

4 套麻绳 在侧边打上蝴蝶结

用细麻绳套住种子，在侧边打上蝴蝶结。

5 植入 芽点朝下

准备好适当大小的容器，将芽点朝下，轻压于培养土上。

6 铺麦饭石 轻压固定

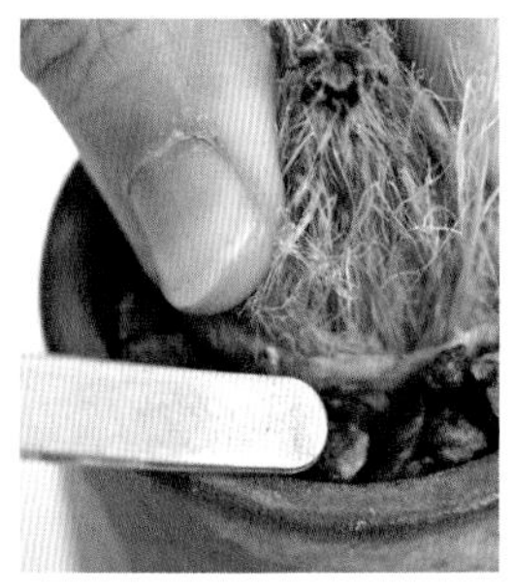

植入后铺上一层麦饭石，用夹子轻压麦饭石，将整颗种子调整固定好。

7 喷水 天天喷水

成长期间要天天喷水。

槟榔的另类种植法

可以用发根法，将槟榔的种子泡水至长根再种植。这样可以较快长出新叶子。

1 发根 泡水至种子长根

将槟榔籽泡在水里，每天换水至种子发根长芽为止。

2 植入 加入大麦饭石

先加入三分之一的大麦饭石，再将种子的根部放入盆内，填满麦饭石，使种子的根部稳固。

3 倒水 倒满水

将绑好的麻绳解开，把种子外的纤维整理成稻草人帽子的形状，然后再将麻绳绑在帽檐的后面。

QA

Q 槟榔适合用什么样的容器栽种呢?

A: 槟榔最美观的地方莫过于它的根部与帽子状的纤维，活像一只优雅的仙鹤。它适合独株或双株栽种，所以可以先选用小一点的容器栽种，欣赏它站立的美感。

常见的香料植物

七里香

芸香科

特　征

·七里香是芸香料家族的成员，属于常绿灌木或小乔木。叶子大多互生，少数对生，叶子的形状是卵形或倒卵形，叶片的表面很有光泽。

·七里香的开花期是在初夏到初冬，花冠是白色的，花香非常浓郁，远远就能闻到它的香味，所以也有人叫它十里香或千里香。常被栽植为绿篱，修剪得整整齐齐，每当一阵雨过后，白花尽吐，不但亮丽，而且芬芳扑鼻。

基本资料

别　　名：月橘、十里香、石松

学　　名：*Murraya paniculata*

原 产 地：热带或亚热带，如中国台湾、马来西亚、菲律宾

花　　期：花色白，盛开在夏季，但只要栽培得当，一年可开花数次

果实颜色比较

成熟的果实是黄褐色的。

未成熟的果实是绿色的。

月　份	1	2	3	4	5	6	7	8	9	10	11	12
花　期			■	■	■	■	■					
采收期				■	■	■	■	■	■			

栽种步骤

1 取种子 取出果肉中的籽

用手轻轻挤压果实，果肉里的籽就会自然跑出来了。

2 泡水 先连续冲水清洗

取下种子之后，找个大一点的容器，像洗米一样，多次冲洗，直到水里没有杂质为止。然后将种子浸泡在水里七天，每天都要换水至无杂质。

3 排列 深色部位朝下

种植的时候，要特别注意种子的方位，要让深色的圆弧面朝下，然后一定要一颗接着一颗，不要留空隙，由外圈往内慢慢排列整齐。

4 铺麦饭石 用小麦饭石轻铺表面

因为种子小，所以请选用小麦饭石，且应铺满。

5 喷水 来回三圈刚刚好

在麦饭石上用喷水器来回喷三次，要注意，这是以喷水器的水量充足为前提的；如果喷水器快没水了，请加满水再喷。

6 发芽 两周之后发出新芽

十五天左右，七里香就会慢慢长出新叶子，圆润翠绿的软叶，让人爱不释手！

QA

Q 七里香的种子，该去哪里捡呢？

A：开完花之后七里香就会开始结果实，所以取得七里香的种子非常容易，每年三到五月，都可以在公园或巷子里看到七里香的树上结满了红色的成熟的果实。采集新鲜果实回家之后，最好马上处理，如果没办法当天泡水，最好也能在三天之内将果实去皮泡水，如果果实放置太久，就会慢慢烂掉，无法栽种非常可惜。

Q 为什么我的七里香幼苗都往一边长呢？该怎么办？

A：不只七里香，其他如春不老等植物在幼苗成长的时候，都有向光性，所以当你发现幼苗们个个都“向右看”的时候，请把盆转个方向，你会发现不到半天的时间，它们就会“换边看”了，非常可爱呢！

公园常见的植物

春不老

紫金牛科

特　征

· 春不老属于常绿的小乔木或灌木。叶子是互生的，有倒卵形或长椭圆形，叶的尖端圆钝，到基部时渐渐变小；叶片的两面都很光滑，叶缘没有锯齿状，属全缘叶的植物。

· 每当夏季或秋季开花后，便可以发现浓红、暗红至紫褐色的果实，极具观赏价值。成熟的春不老叶子呈现浓绿色且富有光泽，然而初发的幼嫩的新叶会展现出娇艳的红色，此时又可欣赏到一番不同的气象。

基本资料

学　　名：*Ardisia squamulosa* Presl.

原 产 地：泰国、缅甸、斯里兰卡及中国台湾、海南岛

花　　期：夏天开花，腋生，伞形或短总状花序，淡红色

种子来源：公园和校园都可以找到

果实颜色比较

未成熟的果实是淡粉红色的。| 成熟的果实是紫黑色的。

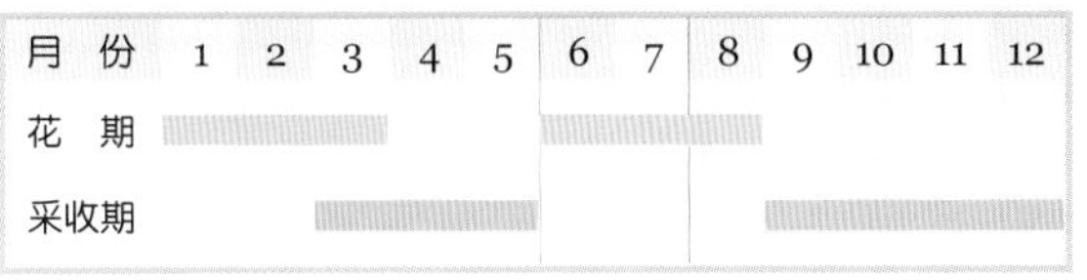

月 份	1	2	3	4	5	6	7	8	9	10	11	12
花 期	■	■	■			■	■	■				
采收期			■	■	■				■	■	■	■

栽种步骤

1 取种子 取出果肉中的种子

用手轻轻挤压果实，果肉里的种子就会跑出来了。

2 泡水 要天天换水

将种子浸泡在水里七至十天，每天都要换水至无杂质。刚取出的种子会浮在水面是正常的，但泡水至可以种植时，浮在水面上的种子就要舍弃，因为重量不足的种子，成功发芽的概率不高。

3 喷水 使土壤表面湿润

春不老的种子非常小，所以在种植之前要先喷点水在培养土上，以增加附着力，这样在铺上种子的时候，种子不至于无法固定。

4 铺籽 均匀平铺

春不老的种子很小，所以请将泡水后的种子，直接铺在土壤上面，不要重叠。铺完之后，要用夹子将种子排列整齐，种子之间要紧密排列。

5 铺麦饭石 选择小麦饭石

将小麦饭石均匀铺在种子上，到完全看不到种子为止。

6 喷水

两天喷一次水

用喷水器来回喷三圈，使麦饭石完全湿润，之后大约两天喷一次水。

QA 大栽问

Q 春不老的种子，哪里可以捡到呢？

A：公园和校园里都可以捡到。春不老通常在近膝的高度就会结果实了，而且几乎一年四季都有。因为春不老的种子很小，所以需要很多才能种满一盆，不妨多捡一些。

Q 春不老适合用什么样的盆栽种呢？

A：春不老适合种植成小森林来欣赏，所以可以先选用大一点的盆种植。

公园常见的植物

象牙树

柿树科

特　征

· 象牙树属常绿小乔木，株高可达 5 米。树皮呈黑褐色，叶子呈倒卵形或椭圆形，叶缘无齿且略微反卷，两面均光滑，成熟的叶子为深绿色。于晚春至初夏时期开花，花小且不易看见，常被叶遮住。花瓣淡黄色或是白色。

基本资料

学　名：*Diospyros ferrea* (Willd.) Bakhuizen

原产地：印度、澳大利亚、琉球群岛，中国台湾恒春半岛及兰屿岛

花　期：晚春至初夏时期开花

果实颜色比较

尚未成熟的果实是黄色的。

成熟的果实是黑红色的。

月 份	1	2	3	4	5	6	7	8	9	10	11	12
花 期					■	■	■	■				
采收期									■	■	■	■

栽种步骤

1 洗 净 一定要新鲜

准备好新鲜的成熟果实，用清水洗干净。

2 取种子 用指尖挤压

用指尖轻轻挤压果实，里面的种子就会自然被挤出来，果实内会有一两颗种子。

3 泡水 每天都要换水

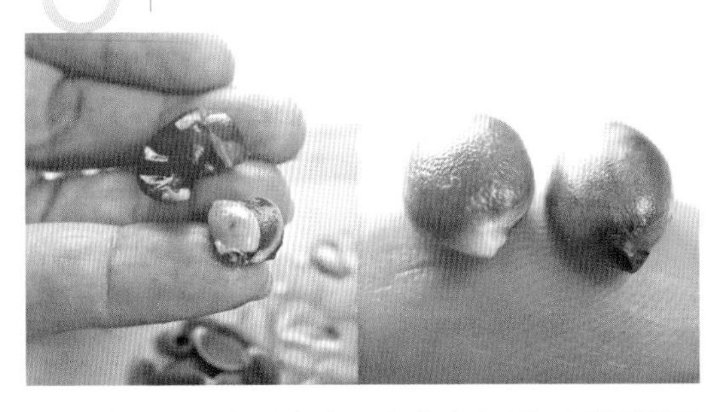

取出种子后要立即泡水，大约泡七天，天天换干净的水，芽点变黑的种子就要舍弃。

4 排列 由外而内排列

排列三要素

a. 用镊子将芽点的部位朝下植入。

b. 由外而内，将种子一颗颗排列在培养土上，间距约 0.1 厘米。

c. 选择大小相同的种子为佳，若有大颗的种子尽量排在中间。

5 喷水 完全湿透

将种子与培养土来回喷水约三圈至完全湿润。

6 铺麦饭石 用小麦饭石

轻轻铺上麦饭石，均匀铺至完全看不到种子。

7 发芽 约三周后生根发芽

种子植入土里后，两天喷一次水即可，但要定时定量：如果你习惯早上浇水，就最好固定在早上给水；若习惯睡前浇水，那就固定晚上给水。两天一次，每次约喷三圈即可。叶子成长之后，喷水位置是盆栽表面。

8 整理 将外壳取下

约二十五天后，种子会发芽成长，种子的外壳会裂开、掉落，请先将掉落的外壳用镊子夹出。

a. 先喷水，再将嫩叶上种子的外壳轻轻取下，取不下来的请不要勉强，过几天再取。

b. 种子在长根的时候，会撑开土壤，原本铺在种子上的麦饭石会被撑开，这时请用镊子将麦饭石填补回去。

QA

Q 哪里可以捡到象牙树的果实?

A: 公园或校园里都可以看到象牙树的踪影。每年六至十月，在公园的地上可以看到象牙树下满地都是小果实。捡的时候要注意果实是否已经成熟，不成熟的请不要捡回家哦!

Q 象牙树适合哪种容器?

A: 象牙树盆栽适合种植成小森林来欣赏，所以可以选择稍微大一点的容器。

公园常见的植物

罗汉松

罗汉松科

特　　征

· 罗汉松属于常绿乔木，一年到头叶子都是绿油油的，树高可达 18 米，树形非常挺拔，有点像松树。它的树皮呈灰白色，长大后树皮会纵裂，呈薄片状地剥离。罗汉松的叶片是线形或狭披针形，叶片的主脉很明显，叶子的上下表面都很光滑。

· 种子是绿色的球形，很容易发芽，种子托比种子还大，紫黑色，椭圆形。罗汉松常被用来当作高级盆景的素材，可以修剪成圆形或锥形，用来当作庭园造景植物。

基本资料

学　　名：*Podocarpus macrophyllus*

原 产 地：中国、日本、琉球群岛

花　　期：三四月份开花，花色为黄绿色

种子来源：公园和路边都可以捡到

果实颜色比较

刚采下来的果实最新鲜。

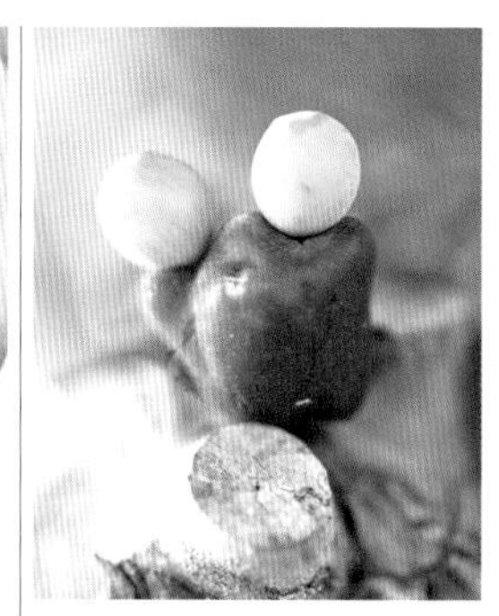

双胞胎的成熟果实。

月 份	1	2	3	4	5	6	7	8	9	10	11	12
花 期			▬	▬								
采收期								▬	▬	▬	▬	▬

栽 种 步 骤

1 洗 净 将种子与种托分开

先把果实洗干净，将绿色的种子与紫黑色的种托分开。

2 排 列 芽点朝下

芽点朝下，由外而内整齐排列植入培养土内，注意将大的种子排在中间。

3 铺麦饭石

选择小麦饭石

将麦饭石铺在种子上层，至完全看不到种子为止。

4 喷水 完全湿透

用喷水器喷水至培养土与麦饭石完全湿透。

5 发芽 四十天之后

每两天喷一次水，大约四十天之后，罗汉松的茎会慢慢长高，紧接着也会冒出小的叶片，种子也会逐渐脱落。

6 整理 动作要轻

有些种子的外壳脱落速度较慢，所以可以用手指轻轻拉掉，但是如果一下子拉不起来就不要勉强，等过几天再处理。另外，可以用小剪刀剪掉左右两边深绿色的母叶，这样长出来的叶子会更美观。

7 长叶 两个月之后

大约两个月之后，所有的种子外壳都脱落了，就会变成一盆绿油油的小松林了！

QA

Q 罗汉松的种子，哪里可以找到呢？

A：许多公园和校园里都种植罗汉松。罗汉松分雄株和雌株，用心找，一定可以找到雌株的种子。花市里也可以看到罗汉松的种子，不过在挑选的时候要特别注意种子的新鲜度，表皮皱巴巴的种子，可能内部已经缺水分了，买回去种也不会发芽。

Q 罗汉松的种子，可以放多久呢？

A：罗汉松的种子很耐放，所以如果捡回来的种子不打算马上栽种的话，可以在清洗干净晾干之后，用塑料袋包好，然后放在冰箱的冷藏室。这样处理之后，放置半年以上都没问题。

Q 罗汉松适合用什么样的容器栽种呢？

A：通常种植罗汉松都是欣赏其繁茂之美，所以可以选择手掌大小的容器来栽种。不过，如果你是要放在客厅，让客人一进门就有耳目一新的感觉，那就要选用大盆来种植（当然，这时候就要多准备一些种子了）；如果你是要摆放在书桌上，那就可以选择精致小巧一点的容器。

大树变成小盆栽

发财树

木棉科

特　征

· 发财树是非常普及的一种盆栽，英文直译为马拉巴栗。具有 5~7 片小叶的掌状复叶，小叶的形状呈长椭圆形或倒卵形；白色花朵很大又很美，花丝细长，花朵受粉后会结卵形的果实，果实成熟之后会裂开，里面有数十颗种子。

· 发财树的种子炒熟后可以食用，有美国花生之称。它的幼株可作为观赏用，成树作为庭园树。据说可以招财，所以很多店铺门口都会种植。

基本资料

学　　名：*Pachira aquatica*

原 产 地：墨西哥、中美洲、西印度群岛

花　　期：种植于室外土壤的发财树，会于每年春、夏季之间开花，花的形状有点像彗星的尾巴，白色中有些许淡绿色

种子来源：公园和路边

每颗种子里有 2~3 个新芽

月　份	1	2	3	4	5	6	7	8	9	10	11	12
花　期		■	■	■				■	■	■	■	
采收期			■	■						■	■	■

果实颜色比较

新鲜的种子是褐色的。

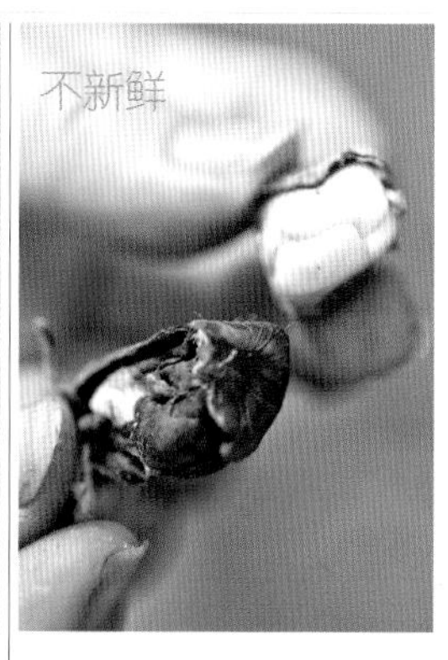

不新鲜的种子是黑色的。

由于发财树的果实非常大，且树形颇高，所以要等到果实自然掉落后才能捡到。通常果实掉落下来之后，可能经过下雨或日晒，果实里的种子会腐烂或被晒干，要选择新鲜的种子回家种。

栽种步骤

1 洗净 表皮泥土完全去除

将发财树果实表皮的泥土清洗干净，要看到表皮上的根脉为止。

2 泡水 泡水两天

两天之内就会开始裂开，没裂开的也不要一直泡，只能泡两天。

3 排列 种子间距约 0.3 厘米

发财树的种子大，排列太密会不易生长，种子间距约 0.3 厘米为佳。

4 喷水 完全湿透

来回喷水四圈左右，使土壤与种子完全湿润。

5 铺麦饭石 铺匀

因发财树的果实较大，所以要用大麦饭石，铺至完全看不到种子表面为止。

6 轻压 使种子更紧实

铺完麦饭石之后，种子和麦饭石中间还有空隙，呈现松松的状态，此时要用手掌轻压，使其更加密合。

7 覆盖 防止根部脱离

发财树果实大，种子在发根时常常会有较大的撑力，所以要用保鲜膜包裹整个容器，以防果实在发根期因向上的撑力造成根部脱离土壤而散开。

8 长叶 大约三十天长出嫩叶

发财树的树形虽然很高大，但是当成盆栽种植之后，因为限于容器的大小，所以不会长得太高，放在室内，只要两天喷一次水就可以了。

QA

Q 发现树下有已经发芽长叶的种子，可以栽种成室内盆栽吗？

A: 可以的。这样的幼苗可以用水耕的方式栽种成室内植物，甚至可以等幼苗长到一定高度时将茎弯曲成美观的姿态，长成之后线条就非常美了。

Q 一颗发财树的果实，有很多种子吗？

A: 每颗果实内通常都有二十几颗种子，所以大概只要捡到一颗果实，就可以种满一盆了。

Q 发财树适合用哪种容器栽种？

A: 发财树的盆栽很适合放在办公室和客厅，所以如果你想种一盆小巧的发财树，可以选择浅盆，用麦饭石加水的方式种植；而如果你想放在客厅，让植株更旺盛，那么不妨选择一个大的无洞容器来种。

四季常绿的室内植物

大叶山榄

山榄科

特　征

·大叶山榄属于常绿性大乔木，椭圆形的叶子，叶片相当厚，表面光滑，叶缘末梢有点反卷的样子。大叶山榄的叶片多簇生于枝条的顶端，且往往具有叶痕；在小枝条或新生枝条上，还有褐色的细毛。

·秋天至次年春天之间，你会看到大叶山榄的树上开满了黄绿色的花，它所结的核果不会开裂，刚开始为浅绿色椭圆形，成熟后会变成橄榄绿色的橄榄球形。

基本资料

别　　名：台湾胶木、臭屁梭

学　　名：*Palaquium formosanum* Hayata

产　　地：菲律宾、中国台湾北部与东部海岸

花　　期：每年十一月至次年一月

种子来源：校园、公园

月份	1	2	3	4	5	6	7	8	9	10	11	12
花期	■										■	■
采收期							■	■	■	■		

种子外形比较

椭圆
大叶山榄的种子多数都是椭圆状的，种植的时候最好将形状一样的排列在一起，这样长出来的幼苗才会好看。

半椭圆
有些果实剥开之后，里面是两颗半椭圆状的种子。

1 剥开 取出种子

将果实剥开，取出种子，并且用清水洗干净。

2 泡水 每天换水

把种子泡水七至十天，一定要天天换水，至外壳裂开，露出芽点。

3 排列 芽点朝下

盆内填入八分满的培养土，将种子芽点朝下，由外而内一颗接着一颗排列整齐，至排满整个容器，种子间距约 0.2 厘米。

4 喷水 完全湿透

来回喷水四至五圈，使种子和培养土完全湿润。

5 铺麦饭石 轻压固定

由于大叶山榄的种子很大，所以在铺上麦饭石的时候要特别注意，确保芽点与土紧贴，如此才不会在种子发芽后，因为根部离土而死亡。

铺石三步骤

a. 在种子间的空隙处铺上麦饭石。

b. 用镊子轻压固定种子。

c. 调整种子与土壤的紧密度，用麦饭石固定种子的位置。

6 发芽 约三周之后

两天喷一次水，大约三周之后会长出新芽。

Q 大叶山榄种植在室内，多久以后会发芽长叶呢?

A：大叶山榄的种子大而硬，所以在泡水的时候，可以多泡几天，直到硬壳裂开出现芽点再栽种。等到有芽点的种子植入土壤之后，成长速度就会较快一些，只要给水适当（两天喷一次水，如果天气太热或太冷，就适量增减水量），一般两三周就会长新芽，再过一周，叶子就会慢慢长出来了。

Q 大叶山榄适合用什么样的容器栽种呢?

A：大叶山榄可以独株或多株一起栽种，如何栽种要视摆放的空间而定。无论容器是大是小，都要有足够的深度，因为大叶山榄的种子大，根也会比较粗大。

Q 盆栽如何布置?

A：大叶山榄的叶子非常大，而且一年四季都很绿，很适合摆放在客厅，让客人一进门就觉得神清气爽，显得十分大气。此外，也可以将罗汉松与大叶山榄一起栽种在较长较大的容器里，摆放在餐桌上，可以活跃全家人的用餐气氛呢！

路边可见的植物

文珠兰

石蒜科

特　　征

· 文珠兰属于多年生的草本植物，它的地下茎呈球状，地上茎则是短圆柱形。文珠兰的叶子很茂盛，叶形是宽带状，叶片属于厚肉质，呈螺旋状簇生排列，表面平滑而且有光泽。

· 文珠兰的花开在粗壮的花茎顶端，每株有20~50朵小花；花冠是白色的，非常清香，还有开红花、紫花及漏斗形白花的品种，果实接近于球形，种子很大。

基本资料

别　　名：石蒜、允水蕉、滨木棉

学　　名：*Crinum asiaticum* L.

原 产 地：印度、中国南方、琉球群岛、日本

花　　期：每年六至十一月

种子来源：路边和公园

果实颜色比较

成熟的果实是褐色的。

未成熟的果实是黄绿色的。

月份	1	2	3	4	5	6	7	8	9	10	11	12
花期						■	■	■	■	■	■	
采收期	■	■										■

栽种步骤

1 铺石 约八分满

在容器内铺上干净的麦饭石至八分满。

2 排列 圆弧面朝上

将种子洗干净，圆弧面朝上排列于麦饭石上。

3 喷水 盖过麦饭石

喷满水，水要盖过麦饭石。

4 发芽 大约二十天后

大约二十天之后，种子的根和芽会长出来，新长出来的叶子是嫩绿色的，可用手掌大小的盆来种植，小巧精致，令人爱不释手。

QA

Q 文珠兰的种子，可以存放多久呢？

A：文珠兰的种子能放很久，只要洗干净擦干，在阴凉干燥的室内可以放上两三个月，甚至半年左右，都不会坏掉。

Q 该用什么样的盆栽种文珠兰呢？

A：文珠兰的种子圆润饱满，栽种的时候可以将种子裸露出来，所以不妨选用浅盆来种，如手掌般大小的杯盖类的容器都可以拿来种植，这样可以将文珠兰种子与叶子的美感完全表现出来，非常特别。除了浅盆之外，也可以选择口小的盆，将种子挂在盆口，更能展现出种子的美感。

Q 为什么找不到文珠兰的种子呢？

A：文珠兰的种子成熟之后，整个茎会往下弯曲，成熟的果实会掉落在叶子丛里，不容易发现。所以当你看到路边的文株兰在开花的时候，就要开始注意它的结果时间了。看到绿色果实的时候请不要采，大约一周或十天之后，再掀开叶子，你就会发现一堆可爱的种子哦。

校园常见的植物

海枣

棕榈科

特　征

· 棕榈科植物大都生长在温暖的区域，树形特别给人一种充满热带风情的印象。而海枣属单干直立茎，叶柄基部常残留于茎干上。叶为羽状复叶，丛生于枝端，小叶多狭长形，前端尖锐，大部分品种的小叶于叶轴基部退化成针刺状。

· 花雌雄异株，果实为椭圆形，初为橙黄色，后转为黑紫色，春夏开花。

基本资料

学　　名：*Phoenix dactylifera* Linn.

产　　地：亚洲、非洲的热带地区

花　　期：六至八月

种子来源：校园、公园与庭园内的罗比亲王海枣，以及作为行道树的台湾海枣、中东海枣

月份	1	2	3	4	5	6	7	8	9	10	11	12
花期						■	■	■				
采收期									■	■	■	■

栽种步骤

1 洗净 清洗干净

果实剥去外皮，将种子清洗干净。

2 浸泡 每天换水

种子浸泡于水里至露出芽点，记得每天都要换水。

3 排列 种子一半在土里

将种子插入土里约一半，由外而内排列，至排满整个容器。

4 铺麦饭石 空隙填满

海枣的种子比较大，所以请将麦饭填满种子之间的空隙。

5 喷水 来回三圈

在麦饭石和种子上面喷水，来回三圈左右。

8 发芽 将外壳取下

大约二十天之后，种子就会发出新芽了

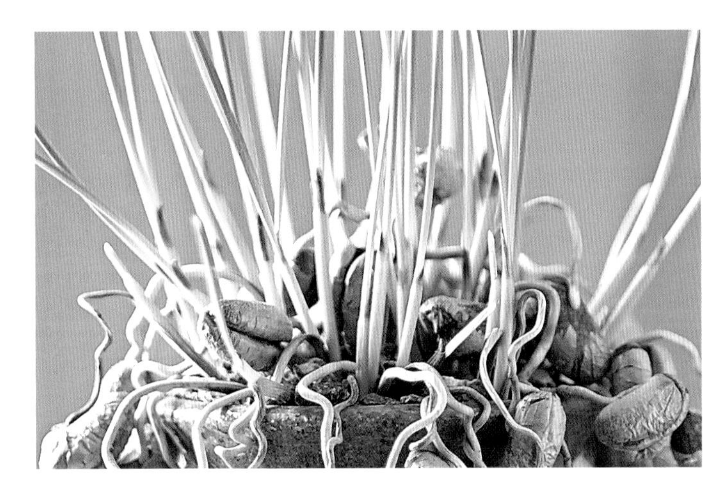

QA

Q 哪里可以捡到海枣的种子?

A: 校园和公园都可以捡到。海枣的树形非常高大，种子成熟之后会自然掉落在地面上，所以只要在校园和公园散步的时候，注意树下的种子，通常都会有收获的。

Q 海枣种子的芽点在哪里?

A: 捡回来的种子要先泡水，然后每天换水，七天之后，种子的正中间会冒出白色的芽点，此时就可以放入培养土里种植了。

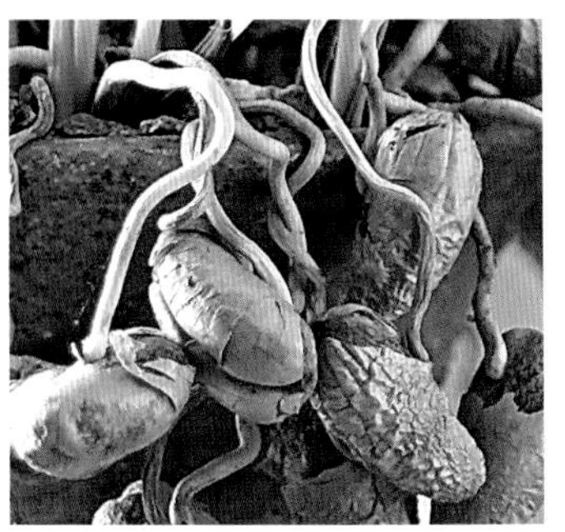

Q 海枣长出叶子之后，干掉的种子该怎么办?

A: 请不要把干掉的种子拔掉，翠绿如细葱的叶子和自然垂下来的干枯种子搭配在一起，有一种特殊的美感，非常吸引人。

公园、校园常见的植物

大叶榄仁

使君子科

月份	1	2	3	4	5	6	7	8	9	10	11	12
花期				■	■	■	■	■	■			
采收期	■	■	■							■	■	■

特　征

· 大叶榄仁是中国台湾土生土长的热带海岸林植物，叶子形状和铁扇公主的铁扇颇有几分神似。属于落叶乔木，树高可达 10 米，侧面的枝干是水平轮生，形成平顶伞状树冠。叶子是倒卵形，叶片很大但叶柄很短，叶子的尖端是圆形。春天发出来的新芽非常翠绿，冬天在叶片掉落之前叶子的颜色就会慢慢变红，非常漂亮。果实是核果状，扁扁的圆球形。

基本资料

别　　名：枇杷树、雨伞树

学　　名：Terminalia catappa L.

原 产 地：中国海南岛、印度、马来西亚、菲律宾、太平洋诸岛

花　　期：每年四至九月

种子来源：校园、公园、路边都常见

果实颜色比较

未成熟的果实是绿色的。 | 成熟的果实是黄褐色。

栽种步骤

1 剥皮 果皮剥去洗净

将黄色果皮剥掉，剩下果核用清水洗干净，然后泡在水里至长根为止，要天天换水。

2 植入

根部要放在麦饭石里

取出种子后要立即泡水，大约泡水七天，天天换干净的水，芽点变黑的种子要舍弃。等到长出根部之后，再植入铺好麦饭石的盆中。

3 喷水

使麦饭石完全湿透

用喷水器来回喷三圈，直到麦饭石完全湿透为止。

4 长叶 三天之后

大约三天之后叶子就会慢慢长出来，非常可爱。先是呈卷曲状，然后会像花朵绽放一样，慢慢打开来。

5 展叶 十天之后

大约十天之后，叶子会全部展开，像一只蝴蝶在飞舞的样子，非常漂亮。

Q 大叶榄仁的种子，哪里可以捡到呢？

A：公园和路边都可以捡到。大叶榄仁的种子成熟之后会自然掉落下来，在开花期过后，不妨到公园逛逛，在路上散步的时候，注意一下身旁的植物，或许你会发现散落一地的果实哦。

Q 大叶榄仁适合用什么样的容器栽种呢？

A：大叶榄仁适合用有点高度的容器来栽种，因为除了叶片之外，大叶榄仁的茎部线条也非常赏心悦目。如果要独株栽种，可以用喝茶用的闻香杯等类似容器；如果是要好几颗种子一起种，就要选择稍高的宽口容器了。

Q 室内栽种的大叶榄仁，大约可以种多久呢？

A：只要记得给它足够的水分，大约每两天加一次水，种植二三年是没有问题的。

水黄皮

豆科

特　征

·水黄皮属于半落叶性乔木，树皮呈灰褐色，上面常有瘤状小突起。树的高度有6~12米，小枝干刚开始是毛茸茸的，叶面光亮洁净，叶子非常茂盛，往往因为太重，而使枝条下垂生长。由于它的果皮呈木质化，所以能够浮在水面上，因此能随着海流迁移到沿海地区繁殖下一代，故又称水流豆，因叶子类似黄皮而称水黄皮。

·每到秋天，水黄皮的叶子就开始变黄，纷纷掉落。当它在长出新叶的时候，数不尽的小花也随着绽放，满树粉红一片。水黄皮的果实是荚果，长得肥胖可爱，外皮非常坚硬，种子就藏在里面。

基本资料

学　　名：*Pongamia pinnata*（L.）Pierre ex Merr.

原 产 地：印度、马来西亚、中国华南、琉球群岛和澳大利亚

种子来源：公园和校园都可以找到

月 份	1	2	3	4	5	6	7	8	9	10	11	12
花 期			▬	▬	▬	▬						
采收期							▬	▬	▬	▬		

栽种步骤

1 准备豆荚 饱满为佳

准备水黄皮的豆荚，越饱满越好。

2 剥开 取出种子

用手将水黄皮的豆荚剥开，取出种子。

3 剥皮 轻轻剥去外皮

种子泡水七天至外皮裂开，将外皮剥去。

4 排列 种子间距约 0.3 厘米

取花盆并铺好麦饭石，将种子芽点朝下排列，由外而内一颗接着一颗排列整齐，放于麦饭石上。水黄皮的种子发芽时，整颗种子会分成两半。

5 喷水 完全湿透

来回喷水将种子和麦饭石喷至完全湿润。

QA

Q 水黄皮的种子，哪里可以捡到呢?

A: 公园和校园里都可以。水黄皮的种子成熟之后会自然掉落在地面上，在捡拾的时候要特别注意，最好选择饱满的种子，这样才新鲜。

Q 水黄皮适合用什么样的容器栽种呢?

A: 水黄皮主要是欣赏叶片形状，所以可以先选用浅一点的容器种植。

近郊可见的

野外植物

一年开三次花的植物

咖啡

茜草科

特　　征

·咖啡树的叶片呈长椭圆形，深绿色，叶子表面光滑，每片长 10~15 厘米，有波浪状的边缘。通常一棵咖啡树只有一根主干，由主干直接分出长长的树枝，叶片两两对生于其上，通常树的主干不怎么分岔，树枝末梢很长。咖啡树开出来的花是白色的，约 2 厘米大小，以两三朵为一簇开在叶柄连接树枝的基部。

·野生的咖啡树可以高达 5~10 米，但庄园里种植的咖啡树多被修剪成 2 米以下，以增进结果量，也便于采收。

基本资料

学　　名：*Coffea arabica* L.

分　　布：咖啡树的原产地在非洲的埃塞俄比亚。目前咖啡的生产国约有六十个国家，大多是位于海拔 300~400 米的地区，有的在海拔 2000~2500 米的高原栽培咖啡树

花　　期：咖啡树一年可开三次花，雨水是咖啡花开放的触媒，雨水多，就会在三月初开花。花期短暂，只有一周时间

种子来源：可以到花市买新鲜的果实

月份	1	2	3	4	5	6	7	8	9	10	11	12
花期			■	■	■							
采收期	■	■	■							■	■	■

果实颜色比较

成熟的果实是红色的。咖啡的果实是先后分批成熟的，所以你可以看到一串果实中有很多颜色，非常漂亮。

未成熟的果实是绿色、黄色的。还不成熟的果实不要采下来，因为无法种植成功。

种子新鲜度的比较

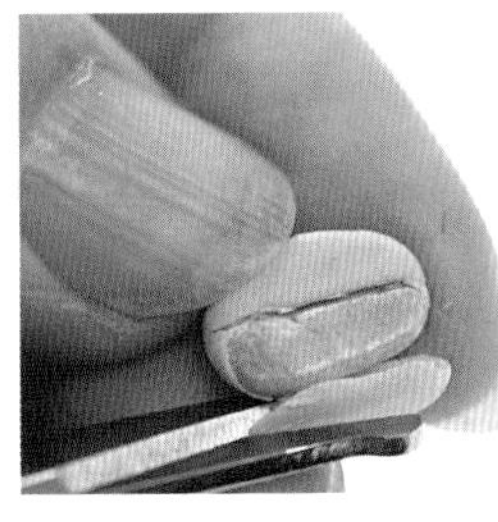

咖啡种子的新鲜度，从外观是分辨不出来的，一定要去掉外壳的薄膜才能知道。新鲜的种子呈半透明状，芽点清晰。

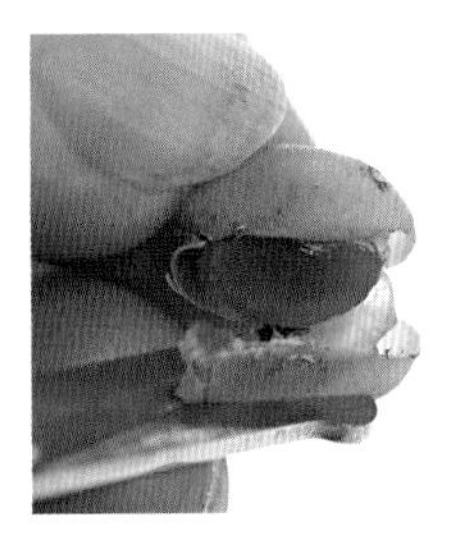

不新鲜

不新鲜的咖啡种子黑沉沉的，不能拿来栽种。

栽种步骤

1 泡水 使果实变软

将采回来的果实泡在水里，果实的颜色会慢慢变成咖啡色，泡十天左右（如果种子已经变软，就可以准备栽种了；如果种子没变软，就多泡几天），要记得天天换水。

2 取籽 果肉要全部去除

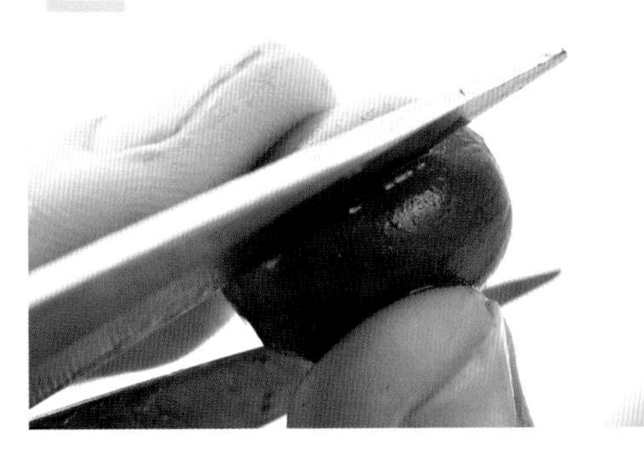

用手指将果实剥开，或用剪刀剪开（剪的时候要特别小心，不要一下子就猛力剪下去），取出里面的种子，通常每个果实内含有两颗咖啡豆，也有一颗（圆形）或三颗（三角形）的情况。

3 去壳 薄膜要剥干净

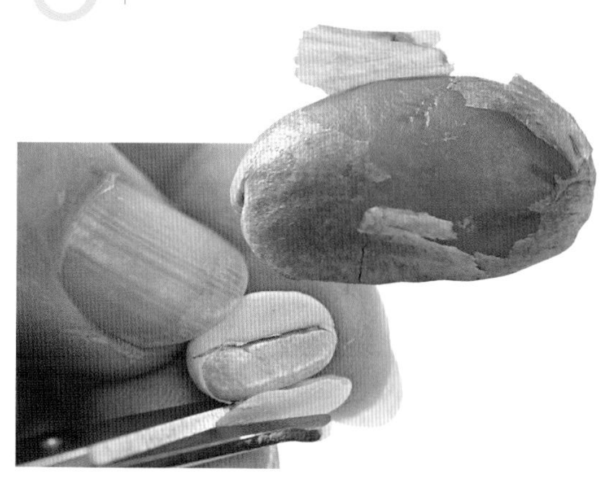

每个咖啡豆外面都有一层薄薄的外膜包围，而薄膜的外层又有一层黄色外壳，要用小剪刀小心剪开外壳，千万别伤到里面的种子。

4 排列 芽点朝下侧着排列

种植咖啡豆的时候，要一颗接一颗排列，间距约 0.2 厘米。由外圈往内圈慢慢排列整齐。

5 铺麦饭石

用麦饭石轻铺表面

如果是种植在小盆里，就选用小麦饭石铺在种子上层。铺的时候请把种子间的空隙全部铺满，至完全看不见种子表面为止。

6 喷水 来回四圈刚刚好

在麦饭石上用喷水器来回喷四圈，使麦饭石完全湿透。

7 发芽 六周之后长叶

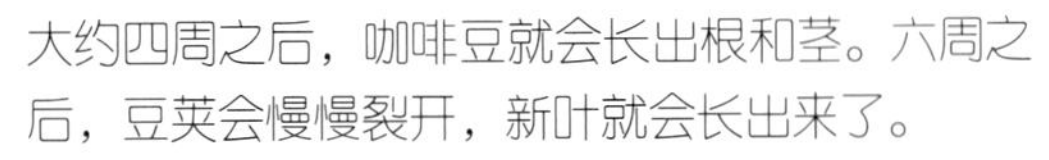

大约四周之后，咖啡豆就会长出根和茎。六周之后，豆荚会慢慢裂开，新叶就会长出来了。

QA

Q 咖啡适合用哪种容器栽种？

A：如果想种一盆小巧可爱的咖啡盆栽，可以选择有点高度的小杯子来种；而如果想放在客厅，让环境更有生机，那么不妨选择一个大一点的盆来种，这时候得备很多咖啡豆，这样种起来才会像一片咖啡林。

Q 咖啡豆不好找怎么办?

A: 一般在市区真的不太容易看到咖啡树，通常都是在咖啡盛产季节到产地游玩时才能看到。不过，近来发现在花市有结果实的咖啡树在卖。所以如果家里有足够的空间，最好是有前后院，可以买一棵回家种，也可以种在小区的花园里，不仅可以美化环境，而且等咖啡树结果之后，还可以拿来种成盆栽哦！

果实可以观赏的植物

穗花棋盘脚

玉蕊科

特　征

· 穗花棋盘脚的叶片呈倒披针形，叶缘前端渐渐变尖，锯齿状，叶柄紫红色。它的花是乳白色的，直径为 3~4 厘米，雄蕊为淡红色，到了夜晚才开花，像成串倒挂的吊灯，光芒闪耀且明亮动人，但是第二天清晨就会掉落；花有浓烈的气味，主要靠夜间活动的昆虫传粉。

· 它的果实呈长卵形，长 5~7 厘米，果皮富含纤维，具有浮水性，所以可借水流传播繁衍。

基本资料

别　　名：水茄苳、细叶棋盘脚、水木贡仔

学　　名：*Brringtonia racemosa*

分　　布：广泛分布于热带的海滨地区，在我国分布于海南、台湾、云南等地

花　　期：七至九月间

种子来源：沿海湿地的林间、产地的花市等

月份	1	2	3	4	5	6	7	8	9	10	11	12
花期							■	■	■			
采收期	■	■									■	■

果实颜色比较

成熟的果实是红色、褐色的。
穗花棋盘脚的果实红色就算成熟了，不过如果可以捡到变成褐色的果实，栽种起来会更容易发芽。

未成熟的果实是绿色的。还不成熟的果实不要采下来，因为无法种植成功。

栽种步骤

1 洗净 先用清水洗果实

将种子外的泥土洗干净，如果积垢太深，必要时可以用海绵轻轻刷。

2 铺麦饭石 将麦饭石洗净

将大麦饭石铺在盆中，至八分满。

3 加水 水要没过麦饭石

将种子放在麦饭石上，喷水至没过麦饭石，约三周后就会发出新芽了。

4 发芽 三周之后

大约三周后，新芽就会冒出来了！

5 长叶 五周之后

如果是在春夏种植的话，大约五周就会开始长出新叶子来了；如果是在秋冬种植，可能要六周左右才会开始长叶子。

穗花棋盘脚的另类种植方法

1 去皮法 五周之后

除了以上介绍的常用的方法之外，也可以试试将褐色的果皮全部去掉，用此方式种植，种子发芽及生根的速度会更快些。

2 独株法

在捡种子的时候，可以注意看看树下有没有发了芽、长了根的独株，如果能找到已经长出叶子的更好，只要回家用水冲洗干净，就可以直接种在铺满麦饭石的容器中，用水耕的方式种植即可。

QA

Q 哪里才能找到穗花棋盘脚的种子呢？

A：穗花棋盘脚并不常见，因为它需要潮湿的环境才能生长繁殖，所以在一般的市区并不多见，在气候适宜的林地或湿地，应该可以找到。

Q 穗花棋盘脚是开完花才结果实吗？

A：穗花棋盘脚在开花期间，会整棵树出现同时开花、结果的情况，非常漂亮。你可以同时看到一棵树上有含苞待放的花，有刚刚凋谢的花；有正在孕育的果实，也有已经可以采拾的种子，光看这些变化的过程就足以让人眼花瞭乱了。发现变成咖啡色的成熟果实，可别忘了捡回家种哦。它的果实相当厚实，所以成熟之后很容易自然掉落，只要在结果的时候在树下走动走动，就会发现很多种子了。

花苞　　含苞待放　　开花

花谢　　开始结成果实　　果实成熟

一年开一次花的植物

琼崖海棠

藤黄科

特　征

琼崖海棠属于常绿乔木，树皮灰色而且相当平滑，内含黏性树脂。叶片是对生的，属于厚革质，叶形呈椭圆形或倒卵形，叶长10~18 厘米，叶柄坚硬长约 15 厘米；花序呈总状或锥状，花有长梗，白色，芳香，雄蕊为多数。核果呈圆球形，直径约 3 厘米。

基本资料

别　　名：红厚壳、胡桐、君子树

学　　名：*Calophyllum inophyllum* L.

原 产 地：中国海南岛及台湾等地

花　　期：白色花，有长梗，夏天盛开

种子来源：郊外或马路两旁都可以捡到

果实颜色的比较

成熟的果实呈黄色。未成熟的果实呈绿色。琼崖海棠的果实很坚硬，黄绿色圆滚滚的非常可爱。成熟之后会自然掉落下来，在树下随处可捡。

月　份	1	2	3	4	5	6	7	8	9	10	11	12
花　期			■	■	■							
采收期							■	■	■	■		

栽种步骤

1 洗净 先用清水洗果实

将捡回来的果实洗干净，放在小盘上准备种植。

2 取种子 剪开果皮取出中间带壳的籽

用剪刀将外皮剪掉。

3 泡水 来回冲洗干净

剪完之后，用手指将外表的果肉完全搓洗干净，这样种在土里后，才不会招来果蝇。

4 排列 从外而内紧密排列

选择大小适当的容器，将种子的芽点朝下排列，并轻压于土中。

5 铺麦饭石 用大麦饭石轻铺表面

因为种子大，所以请选用大麦饭石铺在种子上层。

6 喷水 来回四五圈刚刚好

在麦饭石上用喷水器来回喷四五次，要注意，这是在喷水器的水量最充足的情况下，如果喷水器快没水了，请加满水再喷。

琼崖海棠的另类种植方法

1 去壳法

除了上述最常用的方法之外，也可以试试将褐色的外壳全部去掉，用白色的种子栽种（可用铁锤敲开硬壳），用此方式种植，种子发芽及生根的速度会更快些。

琼崖海棠的盆栽很适合放在办公桌上和客厅的茶几上

2 独株法

在捡拾琼崖海棠的时候，可以注意看看树下有没有发了芽、长了根的独株，如果能找到已经长出叶子的更好，只要回家用水冲洗干净，就可以直接种在铺满麦饭石的容器中，用水耕的方式种植即可。

QA

Q 琼崖海棠适合用哪种盆栽种?

A: 琼崖海棠的盆栽很适合放在办公桌上和客厅的茶几上，所以如果你想种一盆只有手掌大的琼崖海棠，可以选择刚好放得下一颗种子的浅盆，用麦饭石加水的方式种植；而如果你想放在客厅，让环境更有生机，那么不妨选择一个大一点的盆来种。

Q 琼崖海棠的种子，哪里可以捡到呢？

A：琼崖海棠开花期过后一两个月，树下会散落一地的果实，路边常可以捡到。

河堤常见的植物

姑婆芋

天南星科

特　征

· 姑婆芋是多年生大型草本观叶植物，喜欢生长在阴凉湿润的环境，它的茎肉质粗壮，叶片呈心形，叶柄很长，佛焰花序，花苞为长椭圆状。

· 果实成熟时呈鲜红色。汁液及块茎有毒，不可误食。

基本资料

别　名：野芋、观音莲、滴水观音

学　名：*Alocosia macrorrhira*（L.）Schott. & Endl.

原产地：中国台湾、澳大利亚

花　期：四至七月

挑选姑婆芋的原则

挑选时尽量选择粗茎的姑婆芋。

月份	1	2	3	4	5	6	7	8	9	10	11	12
花期												
采收期												

栽种步骤

1 剪根 先用清水洗干净

准备好新鲜的姑婆芋，清洗干净，把老根剪掉。

2 植入 根部埋在底下

取合适的容器，并铺好培养土。将根部插入培养土下方，将根部完全掩盖住。

3 铺麦饭石 准备容器

容器中铺满干净的麦饭石。

4 喷水 喷满水盖过麦饭石

在麦饭石上用喷水器喷满水。

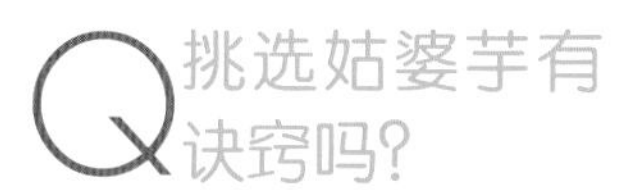

Q 挑选姑婆芋有诀窍吗?

A: 拿来种植成室内盆栽的姑婆芋，最重要的是姿态要美。最好挑粗茎或弧度特殊的来种，因为姑婆芋适应环境的能力很强。拿回家之后，用水耕或土耕方式种植，很快就会长出新叶了!

Q 姑婆芋适合用哪一种容器种植呢?

A: 要视大小而定。如果你选的姑婆芋是大型的，建议选用大容器来种，摆放在客厅，会让整个空间看起来绿意盎然；如果选择小的姑婆芋，那就选用深一点的小容器，以展现叶片和茎的曲线美。

Part 3

小观念大学问

怎么栽种，植物才能欣欣向荣？种子的成长过程中，真正最需要的到底是什么？是充足的日光，还是足量的水？动手做做看吧，你会发现爱心和关心才是植物成长的必要元素呢！

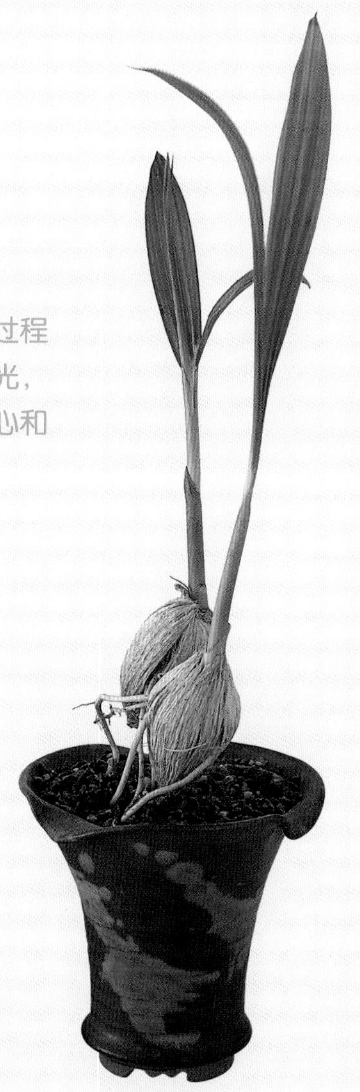

8个关键 决定种子能否发芽

关键1 土壤，要慎选

土壤是供给种子养分的关键，用不适宜的土壤种植种子盆栽，是没办法发出新芽的；相反的，如果是用适宜的土壤栽种，种子不但可以发出新芽，成长的速度也会比较快，所以选对土壤，就等于成功了一半呢！品质优良的培养土，最适合室内种子盆栽，太黏的土壤不适合。

○ 培养土　○ 培养土混合黏性土（2：1）　× 黏性土

关键2 种子，要新鲜

新鲜的种子才会发芽。所以不管是吃完水果后将种子留下来种，还是在路边随手捡来，都要会分辨种子的新鲜度，取新鲜的种子来栽种。通常芽点变黑或表皮皱巴巴的种子，就是不新鲜的。在将种子植入土壤之前，一定要先筛选，因为不新鲜的种子是不会发芽的，会影响整个盆栽的美观。

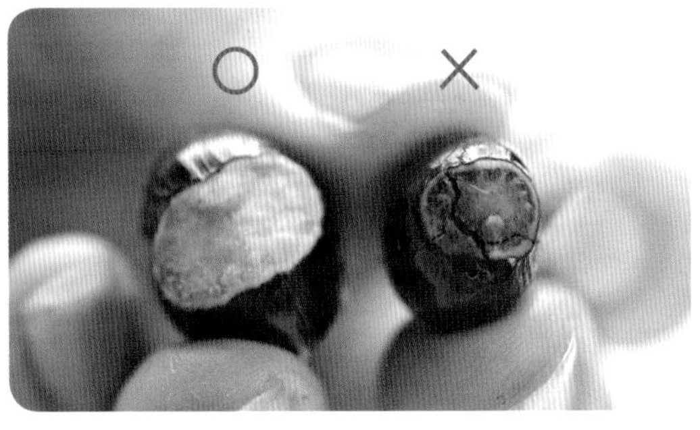

龙眼种子

竹柏种子

关键3 泡水，要每天换清水

泡水这个步骤是为了催芽，种子放入土壤后可以很快发芽长根。一般种子大约都是泡水七天，而且一定要记得天天换水，如果没有天天换水或是泡水太久，种子都会烂掉，所以请务必掌握泡水的要领。

○ 天天换水

× 没有天天换水

关键4 芽点，要分辨清楚

在放入土壤之前，你一定要知道种子的芽点在哪里。有些种子必须将芽点朝下栽种，有些则是朝上。所以一定要在种之前找到芽点的位置，才能把种子放好。

○ 放对芽点

× 放错芽点

关键5 排列，要恰当

要种出赏心悦目的盆栽，种子的排列方式是关键，一定要依种子的大小按规律排列。要记得：种子愈小，排列就要愈紧密，这样才能种出小森林的感觉。

小种子要排列紧密

大种子要注意间距

关键6 麦饭石，要洗净

在种植的时候铺上麦饭石，主要是要利用麦饭石来净化水质，并且利用它的重量使种子根部更坚固。所以一定要先将买回来的麦饭石冲洗干净，多次清洗，直到水变清为止。

○ 干净

✕ 不干净

关键 7 喷水，两天一次

生长在室内的植物，因为没有接触到强烈的日照，所以不需要天天喷水，更不能用水龙头直接灌水，大约隔两天用喷水器来回喷三圈左右就可以了。如果一时忘记，没有按时给植物喝水，不用太担心，植物并不会马上死掉，它可能会先派叶子低头来暗示你，这时候就请你赶快加大水量为它喷喷水吧。

○ 用喷水器

× 水分不足

关键 8 日照，不能太强

开始种植种子盆栽时最难以置信的就是不用晒太阳这件事。植物适应环境的能耐超越人类的想象。因为是从种子开始种，所以从它发芽的那一刻起，就表示它已经适应了室内环境。种子可以利用室内的日光灯或一点点自然光线进行光合作用，所以如果这时候你把盆栽移到户外种植，反而可能会让植物急速结束生命。

8样工具 植栽必备不可少！

工具 1 无洞盆

选择无洞盆来种植种子盆栽，是我十七年来苦心研究的心得。为了保持室内清洁，避免水流出盆外，请选用无洞盆来栽种，底部不用加水盘。

工具 2 尖嘴镊子

可以到药店或五金店买夹棉花的尖嘴镊子，通常在排列小颗种子（柠檬、七里香等）的时候，都需要使用镊子；另外在整理麦饭石的时候，也会用到这个工具。

工具 3 喷水器

一般花市都会卖各种型号的喷水器。如果你的盆栽不多，或是种植在办公室里，那么建议你可以用小一点的喷水器（但水量必须加倍），既不占空间又随手可以喷水，非常方便。

工具 4 保鲜膜

有些种子在栽种的时候要用保鲜膜包起来，像火龙果、发财树等，所以保鲜膜也是必备工具之一。

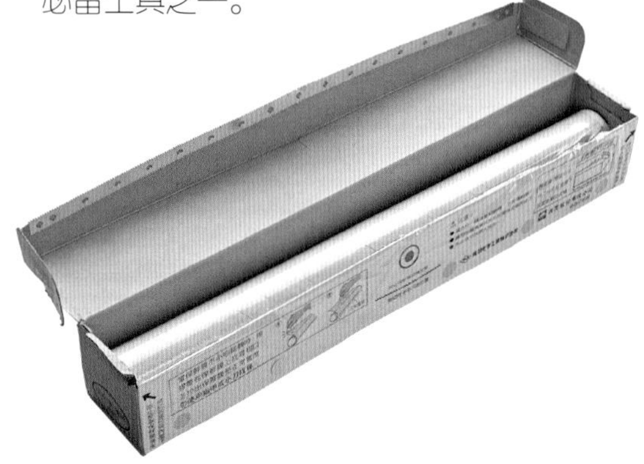

工具 5 剪刀

要准备大小两种剪刀，有些种子的外壳很硬，如咖啡豆、琼崖海棠等，这时候就要使用小剪刀来处理了，而大剪刀则是用来修整枝叶用的。

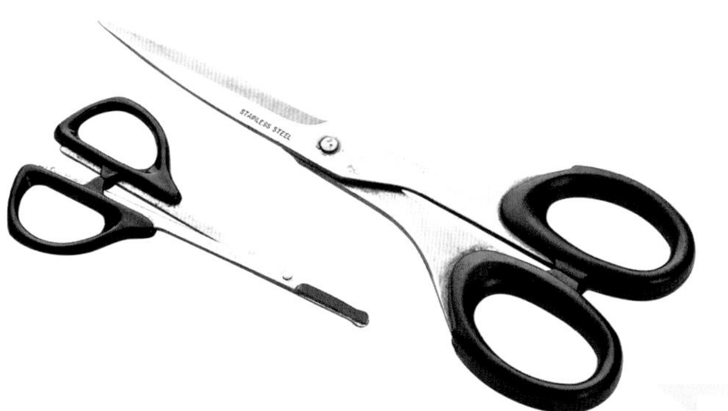

工具 6 培养土

花市和大卖场都可以买到已经处理好的培养土，所以可以视栽种量来决定该买多少培养土。

工具 7 封口式保鲜袋

这种透明有封口的袋子在超市有卖，在捡种子的时候，可以用这种袋子，便于收纳。

工具 8 麦饭石

麦饭石分大麦饭石和小麦饭石，大种子就要选用大麦饭石，小种子就要用小麦饭石。如果是用大盆栽种，就选用大麦饭石，小盆栽就用小麦饭石。麦饭石可以在花市或水族馆买到。

↑小麦饭石

←大麦饭石

3个原则〉选购优质的土壤

原则1 保水性要强

品质好的土壤保水性很强，即使两三天不给水，土壤摸起来也不会干巴巴的，所以在选购土壤的时候，一定要注意保水性的问题。

原则2 不可用太黏的土

黏性比较高的土，通常只适合种大棵的树，所以在购买土壤之前，要分辨清楚，如果太黏就不适合种种子盆栽了。

原则 3 要经滤网筛过

有些种子非常细小，如火龙果、武竹、春不老等，最好先将培养土用滤网筛过再拿来栽种，这样的土壤比较适合小种子。

筛过的土壤颗粒比较细

武竹小盆栽

春不老的种子

武竹的种子

3个要点 〉选择适合的无洞盆

要点 森林之美，盆要大

如果想种成一片小森林的感觉，那么种子的数量就要多，当然就要选择宽口的大盆，这样才有欣赏整片森林的感觉。柚子、龙眼、象牙树、七里香、春不老、武竹、罗汉松等，都很适合种植成小森林。

要点 2 线条之美，盆要高

有些种子是欣赏线条美，适合高一点的盆，这样才能拉出线条的立体感，如甘薯、竹芋等，成长过程每个阶段的线条变化，都非常令人惊叹。

要点 3 种子之美，盆要浅

有些植物的种子可以裸露在麦饭石或土壤上种植，如文珠兰、槟榔、琼崖海棠、穗花棋盘脚等，都很适合摆放在桌子上，欣赏种子之美。

2个条件 〉有效使用麦饭石

条件1 麦饭石大小要适宜

小种子用小麦饭石

大种子用大麦饭石

小盆用小麦饭石

大盆用大麦饭石

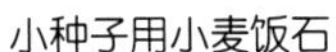

麦饭石大小的选用，决定于种子和盆的大小。大种子用大麦饭石，如龙眼、福木、发财树、文珠兰、大叶榄仁、大叶山榄、水黄皮等；小种子则选用小麦饭石，如武竹、春不老、火龙果等。其他种子可以视花盆的大小决定要选用哪种麦饭石，盆大，就选用大麦饭石；盆小，就选用小麦饭石。

条件2 使用之前一定要洗干净

很多人都会问我："为什么一定要铺上麦饭石呢？"因为麦饭石本身可以净化水质，又含有丰富的矿物质，还有保湿的功能，可以让植物生长得更好。但是在使用麦饭石之前，一定要将杂质洗净，绝对不可以直接就铺在种子上，否则会影响种子的成长。

1. 将麦饭石倒入漏盆中，用水龙头冲洗。

2. 用手将麦饭石搓揉洗净。

3. 将有杂质的水倒掉，反复冲洗三四遍。

4. 直到水清澈为止。

2个诀窍〉保持种子的新鲜度

诀窍 洗净之后，密封冷藏

当没办法将采回来的种子马上种植的时候，可以先将种子洗干净，然后放在冰箱的冷藏室保存。切记，并不是每一种植物的种子都可以放在冰箱保存（龙眼的种子不可以），而且最好在保存的时候做日期标示，避免存放太久，使种子变质，前功尽弃。最好可以捡完立刻处理。

诀窍 放于干燥阴凉处

种子泡水的时候，请尽量不要放在烈日下暴晒，要放在阴凉的地方，以防止水分蒸发，使种子内的水分丧失因而干坏。

本书通过四川一览文化传播广告有限公司代理，经柠檬树国际书版集团苹果屋出版社有限公司授权由河南科学技术出版社有限公司独家出版发行中文简体字版。

著作权合同登记号：图字16—2013—003

图书在版编目(CIP)数据

百万读者都说赞 种子变盆栽真简单/林惠兰著.—郑州：河南科学技术出版社，2013.6（2016.7重印）
ISBN 978-7-5349-6261-5

Ⅰ.①百… Ⅱ.①林… Ⅲ.①观赏园艺 Ⅳ.①S68

中国版本图书馆CIP数据核字（2013）第080645号

出版发行：河南科学技术出版社
地址：郑州市经五路66号　邮编：450002
电话：（0371）65737028　65788613
网址：www.hnstp.cn
策划编辑：刘　欣
责任编辑：杨　莉
责任校对：张　培
责任印制：张艳芳
印　　刷：北京盛通印刷股份有限公司
经　　销：全国新华书店
幅面尺寸：185 mm × 235 mm　印张：11.5　字数：220千字
版　　次：2013年6月第1版　2016年7月第3次印刷
定　　价：39.80元